Tien Thua Nguyen

Manobrabilidade de um navio porta-contentores 4DOF em águas pouco profundas

AF536921

Tien Thua Nguyen

Manobrabilidade de um navio porta-contentores 4DOF em águas pouco profundas

ScienciaScripts

Imprint
Any brand names and product names mentioned in this book are subject to trademark, brand or patent protection and are trademarks or registered trademarks of their respective holders. The use of brand names, product names, common names, trade names, product descriptions etc. even without a particular marking in this work is in no way to be construed to mean that such names may be regarded as unrestricted in respect of trademark and brand protection legislation and could thus be used by anyone.

Cover image: www.ingimage.com

This book is a translation from the original published under ISBN 978-3-659-41627-9.

Publisher:
Sciencia Scripts
is a trademark of
Dodo Books Indian Ocean Ltd. and OmniScriptum S.R.L publishing group

120 High Road, East Finchley, London, N2 9ED, United Kingdom
Str. Armeneasca 28/1, office 1, Chisinau MD-2012, Republic of Moldova, Europe
Printed at: see last page
ISBN: 978-620-8-06447-1

Copyright © Tien Thua Nguyen
Copyright © 2024 Dodo Books Indian Ocean Ltd. and OmniScriptum S.R.L publishing group

Índice

Capítulo 1

Introdução

1.1 Antecedentes

Um navio não é apenas concebido para o transporte marítimo, mas também para se deslocar numa zona restrita. A manobrabilidade é uma das caraterísticas mais importantes do desempenho de um navio, que lhe permite operar em condições de segurança e eficiência. Com o aumento contínuo da dimensão dos navios e o aumento geralmente mais lento da dimensão das vias navegáveis, a necessidade de prever a manobrabilidade dos navios em vias navegáveis pouco profundas continua a atrair a atenção da comunidade científica internacional. No mar alto, a manobrabilidade dos navios centra-se na navegação de viagens de navios e no movimento induzido pelas ondas num mar aleatório. O comportamento dos navios em águas rasas, no entanto, é relevante nos efeitos do fundo do mar que são capazes de resultar no agachamento, mudando a atitude do navio, bem como aumentando os perigos. Por isso, a IMO (Organização Marítima Internacional) recomenda que a manobrabilidade de um navio em águas rasas seja incluída na caderneta de manobra (Resolução IMO A.601, 1987).

Figura 1. Movimento de um navio porta-contentores em águas pouco profundas (Fonte: JOC.com)

A velocidade do fluxo é acelerada quando se desloca através do espaço entre o fundo do navio e o leito marinho. Em consequência da lei de Bernoulli, o campo de pressão nessa zona diminui e o navio em movimento de avanço sofre afundamento e caimento. Este fenómeno é também acompanhado por uma diminuição do nível médio da água ambiente. Estes efeitos não só provocam forças de fluxos cruzados, como também forças de inércia e forças de elevação. Foi provado que as caraterísticas do fluxo transversal se alteram significativamente devido à interação entre a camada limite do casco e o fundo quando o KCS opera em águas pouco profundas (Gronarz, 1997). Além disso, o aumento do bloqueio do fluxo sobre o navio diminui a aceleração das partículas fluidas em relação à aceleração do navio. Consequentemente, as massas e os momentos adicionados são aumentados, especialmente os momentos adicionados induzidos pela translação pura do navio. Além disso, Söding [1982] demonstrou que existe um aumento dramático das forças de elevação em águas pouco profundas devido ao aumento da razão de aspeto efectiva da asa (2T/L) em águas profundas até ao infinito. Como resultado, a força de oscilação e o momento de guinada aumentam. Isto leva a dificuldades na direção do navio.

Relativamente ao movimento de rotação do navio, existem alguns estudos que se centram na manobra associada ao movimento de rotação em águas pouco profundas. Delefortrie [2016] formulou o modelo de manobra 6DOF (Degree of Freedom) do navio de referência KVLCC2 em rácios de profundidade de água de 1,2, 1,3 e 1,8. A entrada do modelo matemático de manobra baseia-se principalmente nos testes de modelo em cativeiro, em que o navio é forçado a mover-se com três graus de liberdade horizontais que acompanham o adornamento e a inclinação livres. No entanto, o movimento de rotação é mantido a zero graus e foram introduzidas algumas entradas numéricas no modelo. Concluiu-se que a previsão do modelo matemático para o KVLCC2 está em boa sintonia com os ensaios de funcionamento livre do SIMMAN2014 a um rácio de profundidade da água de 1,2. O rolo tem um movimento de decaimento com uma pequena amplitude; no entanto, está subprevisto em comparação com os resultados dos testes de funcionamento livre. Adicionalmente, David [2015] efectuou uma investigação do efeito de águas pouco profundas no amortecimento do rolo e no período de rolo para várias formas de casco de navio. Verifica-se que o período de rolamento aumenta até 14% à medida que o rácio de profundidade da água, h/T, se aproxima de um e o amortecimento do rolamento aumenta para toda a gama de águas pouco profundas. Além disso, a manobrabilidade de navios em ondas de águas rasas é um dos problemas de manobra interessantes nos últimos dias. Ruiz [2015] efectuou um estudo comparativo do efeito das ondas em 6DOF no modelo KVLCC2 em águas pouco profundas. Verificou-se que a amplitude máxima da força de oscilação está correlacionada com os movimentos máximos de rolamento devido ao efeito da força média de segunda ordem. Outro ensaio de referência de um navio porta-contentores DTC a navegar em ondas de águas pouco profundas foi realizado com duas folgas diferentes sob a quilha, 20% e 100% do calado do navio [Zwijnsvoorde, 2019]. O rolamento, o adornamento e a inclinação medidos foram aprofundados através da análise da incerteza. Milanov [2009] realizou as experiências de manobra do KCS em águas pouco profundas no tanque BSHC para três valores de altura metacêntrica. Verifica-se que a resposta do navio à ação do leme em águas pouco profundas é muito mais moderada do que no caso de águas profundas. O movimento de rotação depende muito da altura metacêntrica transversal do navio.

Para o efeito, é necessário estudar a manobra de um navio 3DOF associada ao movimento de rotação, a fim de ter em conta os efeitos das condições de águas pouco profundas no comportamento do navio.

1.2 Revisão da literatura

Normalmente, a classificação da profundidade das águas pouco profundas é definida com base no rácio entre a profundidade da água e o calado do navio, a partir do qual o comportamento do navio é significativamente alterado devido à interação entre o navio e o fundo do mar. De acordo com PIANIC [1992], o efeito da baixa profundidade é dominante quando o navio opera em águas muito rasas, o que significa que a relação entre a profundidade da água e o calado do navio é inferior a 1,2. Além disso, a profundidade das águas pouco profundas tem uma influência considerável se o rácio for da ordem de 1,2 a 1,5. O efeito de águas pouco profundas torna-se percetível em águas de profundidade média ($1{,}5<h/T<3{,}0$) e não tem qualquer efeito fora desse intervalo. Os pormenores dos efeitos das águas pouco profundas na hidrodinâmica dos navios no caso de um rácio de profundidade de 1,2 podem ser encontrados na revisão de Vantorre [2003]. Adicionalmente, Eloot [2011] investigou o comportamento do navio em águas pouco profundas e confinadas através do método experimental. Concluiu principalmente que a manobrabilidade do navio diminui consideravelmente se o rácio de profundidade da água for inferior a 1,5 do calado do navio.

Para avaliar as caraterísticas de manobra na fase de projeto, é necessário examinar a hidrodinâmica do navio através de fórmulas semi-empíricas, do método experimental ou do método CFD (Computational Fluid Dynamics). As fórmulas semi-empíricas são o método mais conveniente para estimar as derivadas de manobra de um navio, tanto em águas pouco profundas como em águas profundas, mas só estão disponíveis para casos limitados de águas pouco profundas. Além disso, foi desenvolvido o método do potencial para analisar a hidrodinâmica do navio. No entanto, este método não tinha em conta o efeito da viscosidade, pelo que não podia lidar com os termos viscosos das derivadas de manobra. Os ensaios em modelo cativo são considerados o método mais exato para determinar todas as derivadas hidrodinâmicas lineares e não lineares utilizadas na modelação matemática da força e do momento hidrodinâmicos. No entanto, também tem algumas desvantagens, tais como a limitação das instalações, o elevado custo do desempenho e os efeitos de escala. Por outro lado, os métodos CFD estão a tornar-se uma solução alternativa para compensar as desvantagens. Não só inclui os efeitos viscosos, como também pode modelar virtualmente os ensaios de modelos cativos com boa precisão e economia.

Em geral, os métodos de escoamento viscoso são capazes de calcular a hidrodinâmica do navio em movimentos estáveis e não estáveis. No entanto, o esforço de cálculo para o movimento instável é suficientemente maior do que para o caso estacionário. Um dos primeiros exemplos de simulação do escoamento viscoso do navio em águas pouco profundas pode ser encontrado em Jacek [2008], onde o autor simula o escoamento em torno do KCS (navio porta-contentores KRISO). Para avaliar a influência da profundidade da água, foram analisados o agachamento do navio e o perfil da onda. Além disso, foi adoptada a abordagem URANS (Unsteady Reynolds-averaged Navier Stokes) juntamente com VOF (Volume of Fluid) para investigar a influência da profundidade da água na resistência do navio (Patel 2015). Pode ser visto que a abordagem fornece uma boa previsão da caraterística de resistência do navio em águas rasas; no entanto, requer mais custo de tempo e recursos computacionais do que a simulação estável. Momchil [2018] investigou o comportamento do modelo de contentor DTC em várias condições de águas pouco profundas e confinadas. É evidenciado que o afundamento e o trim aumentam com o aumento da velocidade do navio, bem como com a diminuição da margem de água. Nos últimos anos, o desenvolvimento de métodos CFD e da técnica de criação de malhas permitiu-nos simular ensaios virtuais em cativeiro. Para a simulação de ensaios circulares estáveis, a abordagem do quadro de referência móvel é utilizada para estimar as derivadas de manobra rotativa com um pequeno esforço computacional. Este tipo de prática pode ser encontrado em Jin (2017). No caso da previsão baseada em CFD das caraterísticas de manobra de um navio em águas pouco profundas, o esforço computacional aumenta significativamente. O requisito da técnica de malha dinâmica para simular o movimento dinâmico leva a um consumo de tempo e recursos computacionais. Okuda [2015] analisou o afundamento e o trim do modelo KVLCC2 (KRISO Very Large Crude Oil Carrier) numa simulação de manobra estável em águas pouco profundas. Um código CFD de código aberto é aplicado para estimar o afundamento e o caimento em casos de movimento de deriva e movimento de guinada puro em várias profundidades de água. O movimento de manobra estável da proa é também estimado e as distribuições de pressão no casco são apresentadas para discutir o mecanismo hidrodinâmico. Adicionalmente, o movimento harmónico virtual do KVLCC2 em águas pouco profundas foi realizado para estimar as forças de inércia a introduzir no modelo matemático de manobra [Shi, 2016]. A abordagem URANS foi aplicada para o modelo de casco nu em condições de águas calmas. Os resultados da simulação mostraram que as derivadas lineares foram bem previstas, no entanto, as derivadas não lineares precisam de ser estimadas num estudo mais aprofundado. Liu (2016) estudou numericamente os testes do modelo cativo para estabelecer a manobra 3DOF do navio porta-contentores DTC (Duisburg Test Case) em águas muito pouco profundas, tendo em conta o afundamento e o caimento, utilizando o solucionador baseado em RANS STAR CCM+. O movimento de deriva e o movimento de oscilação pura foram simulados a duas velocidades de avanço para analisar as caraterísticas hidrodinâmicas da interação navio-fundo. O impacto da superfície livre nas forças hidrodinâmicas foi modelado pelo método do volume de fluido (VOF). Os resultados mostraram que a agachamento e a velocidade do navio têm um grande efeito na força transversal, no afundamento dinâmico e no caimento. As forças hidrodinâmicas são bem previstas, mas existem discrepâncias significativas da força lateral e dos momentos de guinada com um número de Froude mais elevado.

Relativamente ao estudo da manobra de navios 4DOF, Kim (2011) realizou uma experiência com um navio KCS com apêndices como o leme e a hélice a 4DOF, incluindo o movimento de rolamento. O equipamento de teste CPMC (Computerized Planar Motion Carriage with captive model test) é utilizado para estimar os coeficientes hidrodinâmicos, especialmente os coeficientes hidrodinâmicos relacionados com o movimento de rotação. Utilizando os coeficientes hidrodinâmicos calculados, a trajetória do navio é prevista. Yasukawa (2013) investigou experimentalmente a deslocação de um navio na condição de adornado. Os modelos de navio porta-contentores, porta-automóveis puro e ferry foram rebocados para efetuar o movimento oblíquo e o movimento circular para medir a força de sobreelevação, a força de oscilação, o momento de rolamento e o momento de guinada. As derivadas hidrodinâmicas obtidas a partir das forças e dos momentos foram utilizadas para a investigação da estabilidade do rumo. Diz-se que a estabilidade da rota está profundamente relacionada com as derivadas não lineares em relação ao ângulo do calcanhar. Yo (2016) realizou o ensaio de movimento circular com a definição de um ângulo de rolamento constante para um navio porta-contentores e um ferry de passageiros em águas profundas. Os efeitos do ângulo de rolamento nas derivadas hidrodinâmicas foram extraídos das forças e momentos medidos. Foi proposto um modelo matemático 4DOF adequado para simular as trajectórias de viragem e a ultrapassagem do teste Zig-zag em vários valores de altura metacêntrica. Concluiu-se que as variáveis de manobra foram bem previstas pelo modelo matemático. Além disso, o modelo de manobra 6-DOF em águas rasas para o KVLCC2 foi formulado usando as derivadas hidrodinâmicas obtidas nos testes de modelo cativo em três proporções de profundidade da água para o calado do navio, 1,2, 1,3, 1,8 (Delefortrie et. al. 2016). Em geral, a força e o momento hidrodinâmicos aumentam com a diminuição da profundidade da água. No entanto, o momento de rolamento no caso de h/T=1,3 é maior nos ensaios de deriva. Os resultados do estudo de manobra mostraram que o movimento de rolamento foi sobrestimado. No que respeita ao estudo numérico de manobras, Hamid [2012] investigou o tombadilho ONR 4DOF com base no método CFD. As derivadas de manobra determinadas a partir dos resultados do CFD são usadas para estabelecer o modelo matemático de manobra do navio. As simulações de manobra foram então realizadas para avaliar o comportamento de manobra do navio através das variáveis de movimento, tais como velocidade de surto, velocidade de oscilação, taxa de guinada, ângulo de rolamento, ângulo de rumo e a trajetória do navio. Foi confirmado que o CFD mostrou capacidade suficiente para prever as caraterísticas de manobra em águas calmas. Os resultados do CFD também mostraram os overshoots em Zig-zag e foi subestimado o diâmetro de viragem na simulação do círculo de viragem. Haipeng (2017) também previu derivados hidrodinâmicos pelo método RANS para investigar a manobra de navio 4DOF do navio tumblehome em águas profundas. O movimento do navio no ângulo estático do calcanhar, no ângulo estático de deriva e no movimento circular foi realizado para estimar a força de surto, a força de oscilação, o momento de rolagem e o momento de guinada. Estas forças e momentos foram aproximados por expansão em série de Taylor para determinar as derivadas de manobra. Verifica-se que as derivadas obtidas estão em boa concordância com os valores experimentais, exceto no caso das derivadas acopladas N'_{vvr}, Y'_{ϕ} e K'_{ϕ}. As derivadas obtidas foram introduzidas no modelo MMG 4-DOF para simular os ensaios do círculo de viragem e do ziguezague. As variáveis resultantes do movimento do navio são bem previstas em comparação com o ensaio com modelo de marcha livre (FRMT).

Pode verificar-se que, embora tenham sido efectuados muitos estudos para investigar os efeitos de águas pouco profundas na manobra de navios, poucos esforços foram dirigidos para o modelo de manobra 4DOF nessa condição. Além disso, a previsão numérica do movimento de rolamento no estudo anterior é sobrestimada. Por conseguinte, este estudo centra-se na previsão numérica das caraterísticas de manobra do modelo 4DOF de um navio porta-contentores em águas pouco profundas. O método CFD baseado em RANS é utilizado para produzir as derivadas de manobra, que são empregues na equação de manobra. O método matemático de manobra é então desenvolvido para avaliar as caraterísticas de manobra do navio e também o movimento de rolagem. Adicionalmente, o mecanismo hidrodinâmico do escoamento sobre o navio é também analisado.

1.3 Metas e objectivos

O objetivo desta tese é investigar as caraterísticas de manobra do navio porta-contentores 3DOF KRISO (KCS) considerando o movimento de rolamento em águas pouco profundas através da geração de derivadas de manobra com base em CFD. Para começar, na Parte I, foi traçada uma panorâmica dos efeitos das águas pouco profundas na manobra do navio. Foi feita uma consideração especial do estudo da manobra do navio 4DOF para entrar no fenómeno físico, bem como no método de cálculo. Na Parte II, foram discutidas as formulações do método de simulação baseado em CFD para analisar a hidrodinâmica de navios. A abordagem RANS, juntamente com o método VOF (Volume of Fluid), é considerada como a ferramenta para simular os movimentos estacionários em linha reta do KCS. Além disso, a abordagem RANS no quadro de referência móvel é utilizada para modelar o movimento circular constante do navio. A Parte III aborda os pormenores do movimento do corpo rígido que é tido em conta para estabelecer o modelo matemático 4DOF. São estudados os antecedentes dos testes em cativeiro utilizados para determinar as derivadas de manobra no modelo 4DOF. O objetivo da Parte IV é tratar da simulação numérica dos ensaios em cativeiro para o modelo KCS em duas condições de profundidade de água, h/T = 1,5 e 2,0. Os resultados da simulação são verificados com os resultados do estudo experimental e os coeficientes hidrodinâmicos obtidos são introduzidos no modelo de manobra na Parte V. Após a conclusão destas partes, toda a discussão é apresentada na Parte V. As manobras 4DOF do modelo KCS nas duas profundidades de água são simuladas, discutidas e comparadas com os ensaios do modelo em movimento livre. Após a conclusão da maioria dos trabalhos, é apresentado um breve resumo e uma revisão das partes. As conclusões são tiradas com base na discussão e análise do trabalho completo. Por fim, são apresentadas algumas perspectivas deste trabalho e recomendações relacionadas para terminar as partes principais desta tese. A descrição do problema deste estudo é apresentada na Figura 2.

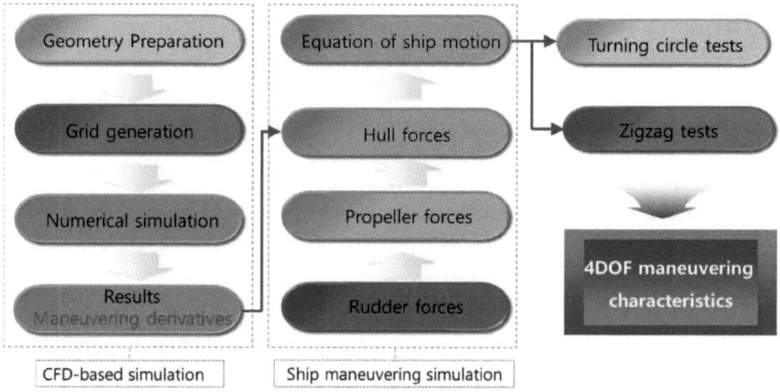

Figura 2. Descrição do problema

Capítulo 2

MÉTODO NUMÉRICO

2.1 Equações governantes do escoamento

A chave da dinâmica de fluidos computacional (CFD) são as equações que regem a dinâmica de fluidos, que são as equações da continuidade, do momento e da energia. Estas equações são os enunciados matemáticos da conservação da massa, da segunda lei de Newton e da conservação da energia. As duas primeiras são aplicadas principalmente na análise do movimento de navios e podem ser utilizadas para derivar as equações do escoamento que regem o escoamento incompressível, como se descreve a seguir.

Equação da continuidade

A massa do elemento de fluido num pequeno volume ($\delta\forall$) é definida como

$$\delta m = \rho \delta \forall \tag{2.1}$$

Uma vez que a massa é conservada, a taxa de variação temporal da massa do elemento de fluido é zero à medida que o elemento se move ao longo do fluxo, portanto

$$\frac{D(\delta m)}{Dt} = 0 \tag{2.2}$$

Combinando as Eq. (2.1) e (2.2), a variação no tempo da massa do elemento de fluido passa a ser

$$\frac{D\rho}{Dt} + \rho \left[\underbrace{\frac{1}{\delta\forall} \frac{D(\delta\forall)}{Dt}}_{\text{time rate of change of volume}} \right] = 0 \tag{2.3}$$

Além disso, a divergência da velocidade ($\nabla \cdot \mathrm{u}$) é igual à taxa de variação temporal do volume de um elemento de fluido em movimento por unidade de volume. Assim, a equação da continuidade é obtida como

$$\frac{D\rho}{Dt} + \rho \nabla \cdot \mathrm{u} = 0 \tag{2.4}$$

Para um escoamento incompressível ($\rho \equiv$ constante), a equação da continuidade passa a ser

$$\nabla \cdot \mathrm{u} = 0 \tag{2.5}$$

2.2 A equação do momento

Aplicando a segunda lei de Newton ao elemento de fluido em movimento, a força líquida sobre o elemento de fluido é igual à sua massa vezes a aceleração do elemento, ou seja

$$F = ma \tag{2.6}$$

A força líquida inclui forças de corpo e forças de superfície, em que as forças de corpo actuam diretamente sobre a massa volumétrica do elemento de fluido, enquanto as forças de superfície actuam diretamente sobre a superfície do elemento de fluido. O equilíbrio do momento para um pequeno volume pode ser escrito como

$$\nabla \cdot \sigma + \rho \mathrm{f} = \rho a \tag{2.7}$$

As fontes das forças de superfície consistem na distribuição da pressão que actua na superfície e nas distribuições das tensões de corte e normais que actuam na superfície. O tensor de tensão (σ) divide-se em partes hidrostática e desviadora. A parte hidrostática é expressa como pressão e a parte desviadora é expressa como tensão viscosa que se relaciona linearmente com a taxa de deformação da seguinte forma,

$$\sigma = -p\mathrm{I} + \tau \tag{2.8}$$

$$\tau = 2\mu\varepsilon(\mathrm{u}) - \frac{2}{3}\mu \mathrm{I} \operatorname{tr}\varepsilon(\mathrm{u}) = \mu\left(\nabla \mathrm{u} + (\nabla \mathrm{u})^T\right) - \frac{2}{3}\mu(\nabla \cdot \mathrm{u})\mathrm{I} \tag{2.9}$$

Além disso, a aceleração é a derivada da velocidade em relação ao tempo que pode ser escrita sob a forma de derivada substancial,

$$a = \frac{D\mathrm{u}}{Dt} = \frac{\partial \mathrm{u}}{\partial t} + \mathrm{u} \cdot \nabla \mathrm{u} \tag{2.10}$$

Substituindo as Equações 2.8~2.10 na Equação 2.7, o equilíbrio torna-se

$$\rho\left(\frac{\partial \mathrm{u}}{\partial t} + \mathrm{u} \cdot \nabla \mathrm{u}\right) = -\nabla p + \mu \nabla^2 \mathrm{u} + \underbrace{\cancel{\frac{1}{2\mu}\nabla(\nabla \cdot \mathrm{u})}}_{\text{mass conservation term}} + \rho \mathrm{f}$$

ou

$$\rho\left(\frac{\partial \mathrm{u}}{\partial t}+\mathrm{u}\cdot\nabla\mathrm{u}\right)=-\nabla p+\mu\nabla^2\mathrm{u}+\rho\mathrm{f} \qquad (2.11)$$

Assumindo que u(**x**,t) é o vetor velocidade e $\mathbf{x} = (x_1, x_2, x_3)$ é o vetor posição, as equações que regem o escoamento incompressível podem ser expandidas a partir da Equação 2.5 e da Equação 2.11 como se segue:

$$\frac{\partial u_i}{\partial x_i}=0 \qquad (2.12)$$

$$\frac{\partial u_i}{\partial t}+u_j\frac{\partial u_i}{\partial x_j}=-\frac{1}{\rho}\frac{\partial p}{\partial x_i}+\nu\frac{\partial^2 u_i}{\partial x_j \partial x_j}+f_i \qquad (2.13)$$

No caso de o navio estar em rotação constante, a velocidade relativa no referencial de rotação não inercial é utilizada para expressar as equações determinantes. As equações que regem o escoamento de fluidos incompressíveis são escritas como

$$\frac{\partial u_{ri}}{\partial x_i}=0 \qquad (2.14)$$

$$\frac{\partial u_{ri}}{\partial t}+u_{rj}\frac{\partial u_{ri}}{\partial x_j}+\left(\underbrace{2\Omega\times u_{ri}}_{\text{Coriolis acceleration}}+\underbrace{\Omega\times\Omega\times r}_{\text{Centripetal acceletation}}\right)=-\frac{1}{\rho}\frac{\partial p}{\partial x_i}+\nu\frac{\partial^2 u_{ri}}{\partial x_j \partial x_j}+f_i$$

(2.15)

onde

$$\overrightarrow{u_r}=\vec{u}-\overrightarrow{v_r} \quad \text{with} \quad \overrightarrow{v_r}=\vec{\Omega}\times\vec{R}$$

$\overrightarrow{u_r}$ é a velocidade relativa vista do quadro rotativo, $\vec{u}$ é a velocidade absoluta vista do quadro estacionário, e $\overrightarrow{v_r}$ é a velocidade devida ao quadro de referência móvel.

2.3 Equações de Navier-Stokes com média de Reynolds

As equações de governação do escoamento incompressível em tempo médio são obtidas decompondo o valor momentâneo nas partes valor médio e valor flutuante com as seguintes regras

$$u=\bar{u}+u', \quad v=\bar{v}+v', \quad w=\bar{w}+w', \quad p=\bar{p}+p \qquad (2.16)$$

$$\overline{u'} = 0, \quad \overline{v'} = 0, \quad \overline{w'} = 0, \quad \overline{p'} = 0 \tag{2.17}$$

$$\overline{\frac{\partial \overline{u}}{\partial x}} = \frac{\partial \overline{u}}{\partial x} \qquad \overline{\frac{\partial u'}{\partial x}} = 0 \tag{2.18}$$

$$\overline{u_i u_j} = \overline{(\overline{u}_i + u_i')(\overline{u}_j + u_j')} = \overline{\overline{u}_i \overline{u}_j} + \overline{\overline{u}_i u_j'} + \overline{u_i' \overline{u}_j} + \overline{u_i' u_j'} = \overline{u}_i \overline{u}_j + \overline{u_i' u_j'}$$

(2.19)

$$\overline{\overline{f}} = \overline{f}, \; \overline{f+g} = \overline{f} + \overline{g}, \; \overline{\overline{f} \cdot g} = \overline{f} \cdot \overline{g}, \; \overline{\frac{\partial f}{\partial s}} = \frac{\partial \overline{f}}{\partial s}, \; \overline{\int f ds} = \int \overline{f} ds$$

(2.20)

Substituindo as regras da Equação. (2.16) nas Equações (2.12) e (2.13) e usando a aproximação de Reynolds nas Equações 2.17~2.20, as equações governantes médias no tempo tornam-se

$$\frac{\partial \overline{u}_i}{\partial x_i} = 0 \tag{2.21}$$

$$\frac{\partial \overline{u}_i}{\partial t} + \overline{u}_j \frac{\partial \overline{u}_i}{\partial x_j} = -\frac{\partial \overline{p}}{\partial x_i} + \nu \frac{\partial^2 \overline{u}_i}{\partial x_j \partial x_j} + \overline{f}_i - \frac{\partial \tau_{ij}}{\partial x_j} \tag{2.22}$$

Nas Equações 2.21~2.22, tanto a velocidade como a pressão são valores médios. Além disso, é introduzido um novo termo chamado tensor de tensão de Reynolds, . $\tau_{ij} = \overline{u_i' u_j'}$

2.4 Modelos de turbulência

Para obter as equações contendo apenas a velocidade média e a pressão, é necessário fechar as equações RANS modelando o termo de tensão de Reynolds. Um dos métodos de modelagem é baseado na hipótese de Boussinesq, na qual a tensão de Reynolds é modelada como uma função da viscosidade da turbulência e da energia cinética da turbulência, ou seja

$$-\overline{u_i' u_j'} = 2\nu_t S_{ij} - \frac{2}{3} k \delta_{ij} \tag{2.23}$$

onde a taxa média do tensor de tensão, S_{ij} , pode ser encontrada em Wilcox (2006).

As equações de transporte da energia cinética e da taxa de dissipação são escritas como

$$\underbrace{\frac{\partial k}{\partial t}+\overline{u}_i\frac{\partial k}{\partial x_i}}_{\text{convection}}=-\underbrace{\tau_{ij}\frac{\partial \overline{u_i}}{\partial x_j}}_{\text{production, }P_k}-\underbrace{\nu\overline{\frac{\partial u_i'}{\partial x_j}\frac{\partial u_i'}{\partial x_j}}}_{\text{rate of dissipation,}\varepsilon}$$

$$+\frac{\partial}{\partial x_i}\left(\underbrace{\nu\frac{\partial k}{\partial x_j}}_{\text{viscous diffusion}}\underbrace{-\frac{1}{2}\overline{u_k'u_k'u_i'}+\overline{p'u_i'}}_{\text{turbulent diffusion, }D_i}\right) \quad (2.24)$$

$$\underbrace{\frac{\partial \varepsilon}{\partial t}+\overline{u}_i\frac{\partial \varepsilon}{\partial x_i}}_{\text{convection}}=\underbrace{\left\{\begin{array}{l}-2\nu\overline{\frac{\partial u_i'}{\partial x_j}\frac{\partial u_k'}{\partial x_j}}\frac{\partial \overline{u_i}}{\partial x_k}-2\nu\overline{\frac{\partial u_j'}{\partial x_i}\frac{\partial u_j'}{\partial x_k}}\frac{\partial \overline{u_i}}{\partial x_k}\\ -2\nu\overline{u_k'\frac{\partial u_i'}{\partial x_j}}\frac{\partial^2 \overline{u_i}}{\partial x_k\partial x_j}-2\nu\overline{\frac{\partial u_i'}{\partial x_k}\frac{\partial u_i'}{\partial x_m}\frac{\partial u_k'}{\partial x_m}}\end{array}\right\}}_{\text{production, }P_\varepsilon}$$

$$\underbrace{-\nu\frac{\partial}{\partial x_k}\left(\overline{u_k'\frac{\partial u_i'}{\partial x_m}\frac{\partial u_i'}{\partial x_m}}\right)-2\nu\frac{\partial}{\partial x_k}\left(\overline{\frac{\partial p'}{\partial x_m}\frac{\partial u_k'}{\partial x_m}}\right)}_{\text{turbulent diffusion, }D_\varepsilon}$$

$$\underbrace{-2\nu^2\overline{\frac{\partial^2 u_i'}{\partial x_k\partial x_m}\frac{\partial^2 u_i'}{\partial x_k\partial x_m}}}_{\text{turbulent destruction,}\Phi_\varepsilon}+\underbrace{\nu\frac{\partial^2 \varepsilon}{\partial x_i\partial x_i}}_{\text{viscous transport}} \quad (2.25)$$

Aplicando a hipótese de Boussinesq e o modelo de viscosidade de Foucault, $\nu_t=C_\mu\frac{k^2}{\varepsilon}$, as equações de transporte para o modelo de turbulência k-epsilon são obtidas como

$$\frac{\partial k}{\partial t}+\overline{u}_i\frac{\partial k}{\partial x_i}=\nu_t S^2-\varepsilon+\frac{\partial}{\partial x_i}\left(\frac{\nu_t}{\sigma_k}\frac{\partial k}{\partial x_i}\right)+\nu\frac{\partial^2 k}{\partial x_i\partial x_i} \quad (2.26)$$

$$\frac{\partial \varepsilon}{\partial t}+\overline{u}_i\frac{\partial \varepsilon}{\partial x_i}=-C_{1\varepsilon}\frac{\varepsilon}{k}\tau_{ij}\frac{\partial \overline{u}_i}{\partial x_j}+\frac{\partial}{\partial x_i}\left(\frac{\nu_t}{\sigma_\varepsilon}\frac{\partial \varepsilon}{\partial x_i}\right)-C_{2\varepsilon}\frac{\varepsilon^2}{k}+\nu\frac{\partial^2 \varepsilon}{\partial x_i\partial x_i} \quad (2.27)$$

Um dos modelos de turbulência mais utilizados é o modelo de turbulência k-ω que foi desenvolvido por Wilcox [1998]. Para o escoamento de fluidos incompressíveis, a evolução de k eω e a viscosidade turbulenta são modeladas como

$$\frac{\partial k}{\partial t}+\overline{u}_i\frac{\partial k}{\partial x_i}=P_k-\beta^*\omega k+\frac{\partial}{\partial x_i}\left(\left(\nu+\sigma_k\frac{k}{\omega}\right)\frac{\partial k}{\partial x_i}\right) \quad (2.28)$$

$$\frac{\partial\omega}{\partial t}+\overline{u}_i\frac{\partial\omega}{\partial x_i}=\frac{\gamma\omega}{\rho k}P_k-\beta\omega^2+\frac{\partial}{\partial x_i}\left[\left(\nu+\sigma_\omega\frac{k}{\omega}\right)\frac{\partial\omega}{\partial x_i}\right]+\frac{\sigma_d}{\omega}\frac{\partial k}{\partial x_i}\frac{\partial\omega}{\partial x_i}$$

(2.29)

$$\nu_t\propto\frac{k}{\omega} \qquad (2.30)$$

ondeσ_k eσ_ω são os números de Prandtl turbulentos; os coeficientes ,$\beta\beta^*$ são avaliados em Wilcox [1998].

$$\begin{aligned}&\sigma_k=1.0,\ \ \sigma_\omega=0.5,\ \ \beta=0.0750,\\&\gamma=\beta/\beta^*-\sigma_\omega\kappa^2/\sqrt{\beta^*},\ \beta^*=0.09,\ \kappa=0.41\end{aligned} \qquad (2.31)$$

Menter [1994] desenvolveu o modelo k-ω de transporte de tensões de cisalhamento (SST) com o objetivo de combinar as vantagens do modelo k-ω e do modelo k-ε . A função de combinação foi concebida para ativar o modelo k-ω padrão e o modelo k-ε para resolver o escoamento na região próxima da parede e o escoamento em corrente livre, respetivamente. O modelo de turbulência SST k-ω que acompanha o modelo de viscosidade da turbulência é escrito como

$$\frac{\partial k}{\partial t}+\overline{u}_i\frac{\partial k}{\partial x_i}=P_k-\beta^*\omega k+\frac{\partial}{\partial x_i}\left(\left(\nu+\sigma_k\nu_t\right)\frac{\partial k}{\partial x_i}\right) \qquad (2.32)$$

$$\frac{\partial\omega}{\partial t}+\overline{u}_i\frac{\partial\omega}{\partial x_i}=\frac{\gamma}{\mu_t}P_k-\beta\omega^2+\frac{\partial}{\partial x_i}\left[\left(\nu+\sigma_\omega\nu_t\right)\frac{\partial\omega}{\partial x_i}\right]+2\left(1-F_1\right)\frac{\sigma_{\omega 2}}{\omega}\frac{\partial k}{\partial x_i}\frac{\partial\omega}{\partial x_i}$$

(2.33)

$$\mu_t=\frac{\rho a_1 k}{\max\left(a_1\omega,\Omega F_2\right)} \qquad (2.34)$$

A função de mistura é definida como mostrado na Equação 2.35, na qual os termos à direita podem ser calculados pelas Equações 2.36~2.38.

$$\phi=F_1\phi_1+\left(1-F_1\right)\phi_2 \qquad (2.35)$$

$$F_1=\tanh\left(\arg_1^4\right)$$

$$F_2 = \tanh\left(\arg_2^2\right)$$

onde

$$\arg_1 = \min\left[\max\left(\frac{\sqrt{k}}{\beta^* \omega y}, \frac{500\nu}{y^2\omega}\right), \frac{4\rho\sigma_{\omega 2} k}{CD_{k\omega} y^2}\right] \quad (2.36)$$

$$CD_{k\omega} = \max\left(2\rho\sigma_{\omega 2}\frac{1}{\omega}\frac{\partial k}{\partial x_i}\frac{\partial \omega}{\partial x_i}, 10^{-20}\right) \quad (2.37)$$

$$\arg_2 = \max\left(2\frac{\sqrt{k}}{0.09\omega y}; \frac{500\nu}{y^2\omega}\right) \quad (2.38)$$

As constantes do modelo são as seguintes:

$$\gamma_1 = \frac{\beta_1}{\beta^*} - \frac{\sigma_{\omega 1}\kappa^2}{\sqrt{\beta^*}} \qquad \gamma_2 = \frac{\beta_2}{\beta^*} - \frac{\sigma_{\omega 2}\kappa^2}{\sqrt{\beta^*}}$$

$\sigma_{k1} = 0.85$ $\sigma_{\omega 1} = 0.5$ $\beta_1 = 0.075$

$\sigma_{k2} = 1.0$ $\sigma_{\omega 2} = 0.856$ $\beta_2 = 0.0828$

$\beta^* = 0.09$ $\kappa = 0.41$ $a_1 = 0.31$

2.5 Discretização da equação de Navier-Stokes

Para o método de dinâmica de fluidos computacional, é utilizada a técnica baseada no volume de controlo para converter as equações determinantes em equações algébricas. De acordo com esta técnica, o domínio do fluido é dividido num certo número de volumes de controlo e os princípios de conservação em cada volume de controlo são satisfeitos. As variáveis de escoamento são normalmente armazenadas no centro de cada volume de controlo. A discretização da equação governante pode ser ilustrada considerando a equação de conservação em estado estacionário para o transporte de uma quantidade escalar (ϕ) na forma integral para um volume de controlo ($\forall$) como se segue:

$$\oint \rho\phi\vec{u} \cdot d\vec{A} = \oint \Gamma_\phi \nabla\phi \cdot d\vec{A} + \int_\forall S_\phi d\forall \quad (2.39)$$

Considerando o problema bidimensional, a discretização da Equação (2.39) pode ser escrita da seguinte forma,

$$\sum_{f}^{N_{face}} \rho_f \overrightarrow{u_f} \phi_f \cdot \overrightarrow{A_f} = \sum_{f}^{N_{face}} \Gamma_\phi \left(\nabla \phi\right)_n \cdot \overrightarrow{A_f} + S_\phi \forall \tag{2.40}$$

em que $\phi_f = \rho_f \overrightarrow{u_f} \cdot \overrightarrow{A_f}$ é o fluxo de massa através da face.

Por semelhança, a discretização da equação *do momento* x pode ser obtida definindoϕ = u, a sua integração sobre o volume de controlo resulta numa equação discretizada da forma

$$a_{u_1 p} u_1 = \sum\nolimits_{nb} a_{nb} u_{1nb} + S_{u_1 p} + S_{u_1} \tag{2.41}$$

em que $S_{u_1 p} = \sum p_f A \cdot \hat{i}$ são os termos-fonte resultantes da integração do gradiente de pressão sobre a célula e S_u representa outros termos-fonte, tais como flutuabilidade, rotação, tensões turbulentas, etc.

2.6 Acoplamento velocidade-pressão

Como pode ser visto nas Equações 2.21~2.22, a equação de Navier-Stokes é um conjunto de equações diferenciais parciais acopladas que envolvem a determinação da pressão e da velocidade. No entanto, a equação da continuidade não contém explicitamente a pressão. Por conseguinte, é utilizado um procedimento iterativo para ajustar a pressão de modo a assegurar que o campo de velocidades resultante satisfaz a continuidade. Um esquema de pressão-velocidade amplamente utilizado que usa o procedimento iterativo é o algoritmo SIMPLE (Semi Implicit Method for Pressure Linked Equations) que foi desenvolvido por Patankar [1979]. Os passos básicos do algoritmo são ilustrados na Figura 2.

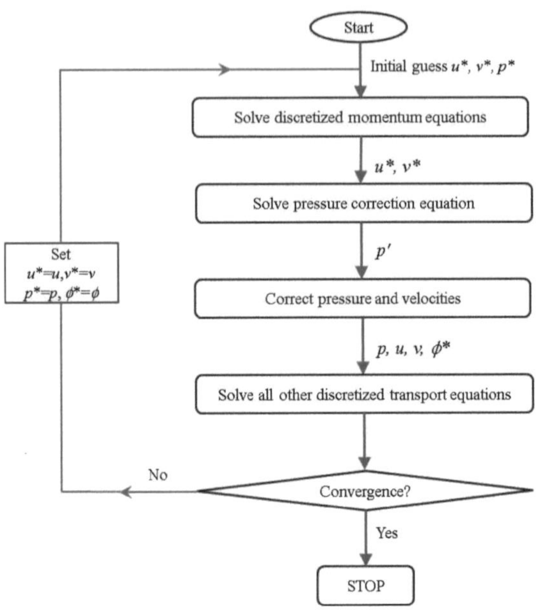

Figura 3. Fluxograma do algoritmo SIMPLE

2.7 Método do volume de fluido

O método do volume de fluido (VOF) é uma técnica de modelação de superfície livre que é utilizada para seguir e localizar a interface entre dois ou mais fluidos imiscíveis [Hirt e Nichols]. Para a simulação VOF em regime transiente, é introduzida uma variável de fração volumétrica da fase no volume de controlo, que é puramente representativa de uma das fases ou representativa de uma mistura das fases. As fracções de volume de todas as fases somam a unidade. Assim, a fração volumétrica (α_q) de q^{th} fluido deve satisfazer as seguintes condições,

- $\alpha_q = 0$ quando o volume de controlo está vazio do fluido q^{th}
- $\alpha_q = 1$ quando o volume de controlo está cheio do fluido q^{th}
- $0 < \alpha_q < 1$ quando o volume de controlo contém o fluido q^{th} e outro fluido

Para cada volume de controlo, a densidade do fluido (ρ_q) pode ser calculada através de uma média da fração de volume de todos os fluidos. Além disso, o rastreamento das interfaces é realizado pela solução de uma equação de continuidade para a fração de volume das fases. Por exemplo, a equação de continuidade do fluido com q^{th} fase é

$$\frac{1}{\rho_q}=\left[\frac{\partial}{\partial t}\left(\alpha_q\rho_q\right)+\nabla\cdot\left(\alpha_q\rho_q\overrightarrow{u_q}\right)=\sum_{p=1}^{n}\left(\dot{m}_{pq}-\dot{m}_{qp}\right)\right] \quad (2.42)$$

em que $\dot{m}_{pq}$ é a transferência de massa da fase p para a fase q e $\dot{m}_{qp}$ é a transferência de massa da fase q para a fase p.

2.8 Condições de fronteira

Na análise CFD, é necessário atribuir muitas condições de fronteira para garantir as caraterísticas físicas de um problema de fluido. Para a análise de escoamentos externos, as condições de fronteira típicas são a entrada, a saída, a parede e a simetria, a energia cinética turbulenta, a taxa de dissipação e a fração de volume no caso de escoamentos multifásicos. A condição de fronteira da parede representa a superfície do objeto intrusivo no meio do domínio do escoamento e é a chamada parede sem deslizamento. A condição de fronteira de saída é geralmente tratada como uma condição de campo distante, em que as propriedades do escoamento são praticamente inalteradas e a pressão hidrostática é especificada. Para a condição de fronteira de entrada, é necessária a velocidade ou pressão inicial para iniciar o problema CFD. A condição de simetria indica que a velocidade normal e os gradientes de todas as variáveis no plano de simetria são zero. Esta condição é utilizada para reduzir o esforço computacional no caso de o campo de escoamento e a geometria serem simétricos. Tal como referido na Secção 3, os parâmetros turbulentos podem ser aproximados utilizando o rácio de viscosidade turbulenta, que é o rácio entre a viscosidade molecular e a viscosidade turbulenta. Este rácio pode ser utilizado juntamente com a intensidade turbulenta, a velocidade do fluxo livre e a velocidade molecular para determinar os parâmetros turbulentos da seguinte forma

- Energia cinética turbulenta

$$k=\frac{3}{2}(VI)^2 \quad (2.43)$$

- A taxa de dissipação é calculada a partir do rácio de viscosidade de Foucault(β), da viscosidade molecular, da densidade e da energia cinética turbulenta obtida a partir da Equação (2.39), ou seja

$$\omega=\frac{\rho k}{\mu}\beta^{-1} \quad (2.44)$$

em que os valores da intensidade turbulenta e do rácio de viscosidade de Foucault são aproximados na Tabela 1 [CFD online], [Saxena].

Tabela 1. Valores aproximados da intensidade turbulenta e do rácio de viscosidade parasita

Regime de fluxo	**Rn** **[-]**	**I** **[%]**	**β** **[-]**
Baixa turbulência	3000~5000	1.0	0.1-0.2
Turbulência média	5000~15000	1-5	11.6-16.5
Alta turbulência	15000~20000	5-20	16.5-26.7
Alta turbulência	>100000	5-20	100

2.9 Camada limite

A camada limite é a camada de fluido na vizinhança imediata da superfície do navio onde os efeitos da viscosidade são significativos. Para estudar a camada limite sobre a superfície do navio, pode tomar-se em consideração a camada limite da placa plana. Seguindo este método, a camada limite é distinguida em duas partes, nomeadamente a camada limite laminar e a camada limite turbulenta. Além disso, existe uma região de transição entre a camada limite laminar e a camada limite turbulenta. Normalmente, para o escoamento sobre uma placa plana, a transição ocorre quando o número de Reynolds varia entre 2×10^5 e 3×10^6. O escoamento turbulento da camada limite junto à parede divide-se em três componentes que são a subcamada viscosa, a camada tampão e a região turbulenta. O cisalhamento viscoso domina na subcamada viscosa, enquanto o cisalhamento turbulento de grande escala domina na camada tampão. Além disso, os perfis de velocidade na região turbulenta apresentam uma variação logarítmica. A definição das camadas é ilustrada nas Figuras 3~4.

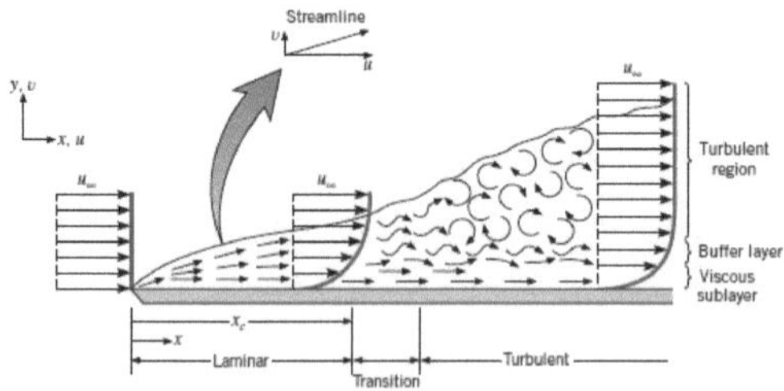

Figura 4. Desenvolvimento do escoamento sobre uma placa plana [Ehab, et. al.].

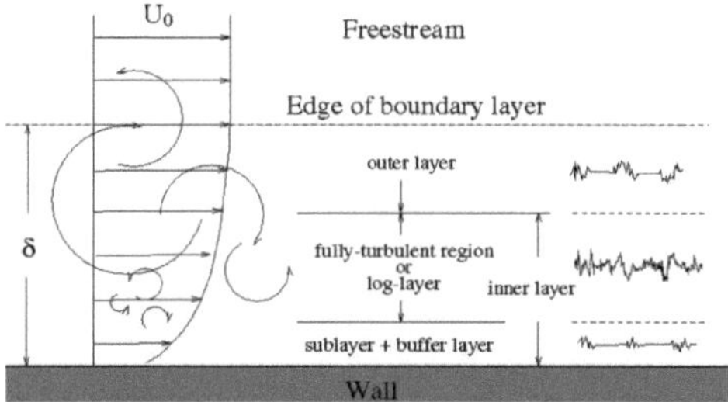

Figura 5. Camada limite turbulenta sobre uma placa plana [Bakker]

Para modelar a camada limite, são utilizadas funções de parede que se baseiam na lei universal da parede. Um dos parâmetros mais importantes para avaliar a aplicabilidade das funções de parede é a chamada distância da parede sem dimensão (y^+). O y^+ pode ser interpretado como um número de Reynolds local, o que indica que a sua magnitude pode determinar a importância relativa do processo viscoso e turbulento. A Figura 5 mostra a relação entre os valores de y+ e a estrutura da camada limite. A distância da parede sem dimensão é definida como

$$y^+ = \frac{\Delta y U_\tau}{\nu} \tag{2.45}$$

em queΔ y é a altura do primeiro elemento na camada limite turbulenta, que pode ser calculada através do procedimento seguinte:

1. Cálculo do número de Reynolds a uma distância y da parede:

$$\mathrm{Re}_y = \frac{U_0 y}{\nu} \tag{2.46}$$

2. Tensão de cisalhamento da parede:

$$\tau_w = \frac{1}{2} C_f \rho U_0^2 \tag{2.47}$$

com C_f é calculada através de uma fórmula empírica para o caudal externo, tal como

$$C_f = 0.058 * \mathrm{Re}^{-0.2}$$

3. Velocidade de fricção

$$U_\tau = \sqrt{\frac{\tau_w}{\rho}} \tag{2.44}$$

4. A altura da primeira célula

$$\Delta y = \frac{y^+ \nu}{U_\tau} \tag{2.45}$$

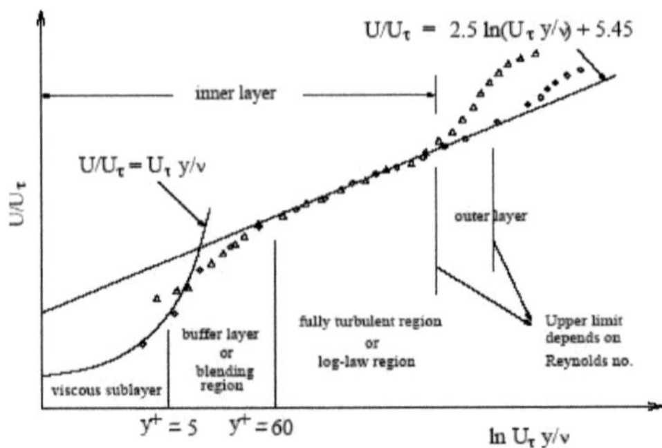

Figura 6. Estrutura da camada limite [Ansys fluent]

Capítulo 3
Modelo de Manobra de Navio

3.1 Sistema de coordenadas e símbolos

Para estudar o problema da manobra do navio, é necessário adotar dois sistemas de coordenadas que são o sistema de coordenadas fixo na Terra (Ox y z_{000}) e o sistema de coordenadas fixo no corpo (Oxyz). Ambos os sistemas de coordenadas seguem a regra da mão direita, o que significa que os eixos verticais estão a apontar para baixo e os eixos laterais estão a apontar para o lado direito. A origem do sistema de coordenadas de corpo fixo está localizada a meio navio e o seu eixo x está direcionado para a proa do navio. O sistema de coordenadas fixo ao corpo está a mover o navio e é utilizado para exprimir as velocidades lineares e as velocidades angulares (ν) do veículo. O referencial fixo à Terra é o referencial inercial que é utilizado para representar a posição e orientação do navio. De acordo com SNAME (1950), a posição, orientação e velocidades do movimento da embarcação em 4DOF (Graus de Liberdade) são descritas nos sistemas de coordenadas como mostrado na Figura 6.

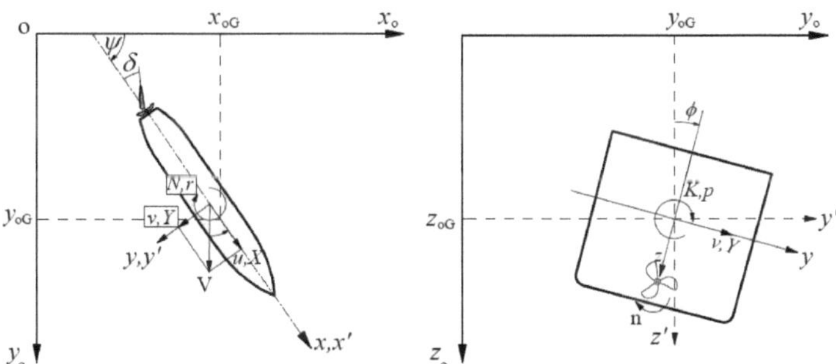

Figura 7. Sistemas de coordenadas e símbolos

$$\eta = [x, y, \phi, \psi]^T \qquad (3.1)$$

$$\mathrm{u} = [u, v, p, r]^T \qquad (3.2)$$

A trajetória do movimento do navio em relação ao referencial fixo na Terra pode ser obtida a partir da transformação de Euler, como se descreve a seguir,

$$\begin{bmatrix} \dot{x} \\ \dot{y} \\ \dot{\phi} \\ \dot{\psi} \end{bmatrix} = \begin{bmatrix} c\psi & -s\psi c\phi & 0 & 0 \\ s\psi & c\psi c\phi & -c\psi s\phi & 0 \\ 0 & 0 & 1 & 0 \\ 0 & 0 & 0 & c\phi \end{bmatrix} \begin{bmatrix} u \\ v \\ p \\ r \end{bmatrix} \tag{3.3}$$

onde $s \cdot = \sin(\cdot)$, $c \cdot = \cos(\cdot)$, and $t \cdot = \tan(\cdot)$

Para uma expressão conveniente do comportamento dinâmico do navio, é efectuada uma análise dimensional da cinemática e da hidrodinâmica do navio para encontrar as derivadas de manobra. De acordo com o método, as forças e os momentos medidos são não-dimensionalizados da seguinte forma,

$$\Delta' = \frac{\Delta}{\frac{1}{2}\rho L^3} \qquad I_x = \frac{I_x}{\frac{1}{2}\rho L^5} \qquad I_z = \frac{I_z}{\frac{1}{2}\rho L^5} \tag{3.4}$$

$$u' = \frac{u}{U}\ v' = \frac{v}{U}\ p' = \frac{pL}{U}\ r' = \frac{rL}{U} \tag{3.5}$$

$$\dot{p}' = \frac{\dot{p} L^2}{V^2} \qquad \dot{r}' = \frac{\dot{r} L^2}{V^2} \tag{3.6}$$

$$X' = \frac{X}{\frac{1}{2}\rho U^2 L^2}\ Y' = \frac{Y}{\frac{1}{2}\rho U^2 L^2}\ K' = \frac{K}{\frac{1}{2}\rho U^2 L^3}\ N' = \frac{N}{\frac{1}{2}\rho U^2 L^3}$$

(3.7)

3.2 Modelo matemático de manobra

De acordo com o formalismo newtoniano e lagrangiano, as equações dinâmicas do navio em águas calmas são escritas como

$$M_{RB}\dot{u} + C_{RB}(u)u = \tau_{RB} \tag{3.8}$$

onde M_{RB} é a matriz de inércia do corpo rígido; C ($_{RB}$v) é a matriz Coriolis-centrípeta do corpo rígido; $e\tau_{RB}$ é o vetor de forças e momentos externos. Considerando o modelo 4DOF, o vetor velocidade e o vetor posição e orientação são definidos nas Equações 3.9~3.10, respetivamente.

$$\mathrm{u} = [u, v, p, r]^T \tag{3.9}$$

$$\eta = [x, y, \phi, \psi]^T \tag{3.10}$$

A matriz de inércia de corpo rígido e a matriz de Coriolis-centrípeta de corpo rígido para o navio são definidas como

$$M_{RB} = \begin{bmatrix} m & 0 & 0 & 0 \\ 0 & m & 0 & 0 \\ 0 & -mz_G & I_x & I_{xz} \\ -my_G & mx_G & -I_{zx} & I_z \end{bmatrix} \tag{3.11}$$

$$C_{RB}(\mathrm{u}) = \begin{bmatrix} 0 & 0 & m(y_G q + z_G r) & -m(x_G r + v) \\ 0 & 0 & -m(y_G p + w) & -m(yr_G - u) \\ -m(y_G q + z_G r) & m(y_G p + w) & 0 & I_{yz} r + I_{xy} p - I_y q \\ m(x_G r + v) & m(yr_G - u) & -I_{yz} r - I_{xy} p + I_y q & 0 \end{bmatrix}$$

(3.12)

O termo vetorial do lado direito da Equação (3.8) representa as forças e momentos externos que podem ser divididos em três partes: forças induzidas pela radiação e forças de propulsão. As forças induzidas pela radiação incluem as forças hidrodinâmicas e as forças de restauração, por outro lado, as forças de propulsão consistem nas forças da hélice e do leme. As forças externas são escritas como

$$\tau_{RB} = \tau_H + \tau_{HS} + \tau_P + \tau_R \tag{3.13}$$

As forças hidrodinâmicas resultam dos movimentos do navio e podem ser expressas em função das variáveis de movimento:

$$\tau_H = f\left(\mathrm{u}, \dot{\mathrm{u}}\right) = f\left(u, v, p, r, \dot{u}, \dot{v}, \dot{p}, \dot{r}\right) \tag{3.14}$$

A expressão funcional da Equação (3.14) pode ser reduzida a uma forma matemática útil, utilizando a média da expansão de Taylor de uma função das variáveis. Assume-se que a função e as suas derivadas são contínuas num valor particular de x_0 , e então as forças hidrodinâmicas num valor de **x** são expressas como se segue:

$$X_H \approx X(x_0) + \sum_{i=1}^{n} \left(\delta x_i \frac{\partial X(x)}{\partial x_i} + \frac{1}{2}\delta x_i^2 \frac{\partial^2 X(x)}{\partial x_i^2} + \frac{1}{6}\delta x_i^3 \frac{\partial^3 X(x)}{\partial x_i^3} + \ldots + \frac{1}{n!}\delta x_i^n \frac{\partial^n X(x)}{\partial x_i^n} \right)$$

$$Y_H \approx Y(x_0) + \sum_{i=1}^{n} \left(\delta x_i \frac{\partial Y(x)}{\partial x_i} + \frac{1}{2}\delta x_i^2 \frac{\partial^2 Y(x)}{\partial x_i^2} + \frac{1}{6}\delta x_i^3 \frac{\partial^3 Y(x)}{\partial x_i^3} + \ldots + \frac{1}{n!}\delta x_i^n \frac{\partial^n Y(x)}{\partial x_i^n} \right)$$

$$K_H \approx K(x_0) + \sum_{i=1}^{n} \left(\delta x_i \frac{\partial K(x)}{\partial x_i} + \frac{1}{2}\delta x_i^2 \frac{\partial^2 K(x)}{\partial x_i^2} + \frac{1}{6}\delta x_i^3 \frac{\partial^3 K(x)}{\partial x_i^3} + \ldots + \frac{1}{n!}\delta x_i^n \frac{\partial^n K(x)}{\partial x_i^n} \right)$$

$$N_H \approx N(x_0) + \sum_{i=1}^{n} \left(\delta x_i \frac{\partial N(x)}{\partial x_i} + \frac{1}{2}\delta x_i^2 \frac{\partial^2 N(x)}{\partial x_i^2} + \frac{1}{6}\delta x_i^3 \frac{\partial^3 N(x)}{\partial x_i^3} + \ldots + \frac{1}{n!}\delta x_i^n \frac{\partial^n N(x)}{\partial x_i^n} \right)$$

(3.15)

onde

$$x = \left(u, v, p, r, \dot{u}, \dot{v}, \dot{p}, \dot{r} \right)^T \tag{3.16}$$

e a variação da variável,δ x, é definida como

$$\delta x = x - x_0 = \left[\delta x_1, \delta x_2, \delta x_3, \ldots, \delta x_n \right]^T \tag{3.17}$$

As derivadas parciais podem ser simplesmente usadas usando a notação do SNAME, como

$$\frac{\partial Y}{\partial v} = Y_v \ , \frac{\partial N}{\partial \dot{r}} = N_{\dot{r}} \tag{3.18}$$

3.3 Ensaios de modelos em cativeiro

Como já foi referido, os ensaios com modelos em cativeiro (CMT) são o meio mais poderoso e flexível para avaliar as caraterísticas de manobra de navios. Podem ser classificados em três tipos de ensaios em cativeiro: ensaios em linha reta estacionários, ensaios harmónicos e ensaios circulares estacionários. Nos ensaios estacionários, o modelo do navio é obrigado a deslocar-se com uma variável de movimento do navio, do leme ou da hélice. Estes ensaios são realizados num tanque de reboque e é necessário um mecanismo de movimento plano ou um dispositivo de braço rotativo para rebocar o modelo de navio de forma harmónica ou circular. Os ensaios em linha reta estacionários típicos incluem o ensaio de marcha para a frente, o ensaio de deriva estática, o ensaio de leme estático e o ensaio de calcanhar estático para o modelo 4DOF. As restrições destes ensaios são o ângulo de deriva, o ângulo do leme e o ângulo do calcanhar, respetivamente. As forças obtidas nos ensaios são analisadas utilizando a expansão de Taylor, como se mostra na Equação (3.15), tendo em conta a condição de simetria geométrica do navio em relação ao *plano xz*, e as derivadas lineares em função das restrições são então determinadas. Por outro lado, a velocidade angular é utilizada como restrição nos ensaios de movimento circular estacionário que resultam em derivadas dependentes da rotação. Para estes ensaios, a Equação (3.15) pode ser simplificada da seguinte forma:

- Desvios estáticos

$$
\begin{aligned}
X &= X_0 + X_{vv}v^2 \\
Y &= Y_0 + Y_v v + Y_{v|v|}v|v| \\
N &= N_0 + N_v v + N_{v|v|}v|v|
\end{aligned}
\tag{3.19}
$$

- Ensaios estáticos do calcanhar

$$
\begin{aligned}
X &= X_0 + X_{\phi\phi}\phi^2 \\
Y &= Y_0 + Y_\phi \phi \\
K &= K_0 + K_\phi \phi \\
N &= N_0 + N_\phi \phi
\end{aligned}
\tag{3.20}
$$

- Ensaios estáticos do leme

$$
\begin{aligned}
X &= X_0 + X_{\delta\delta}\delta^2 \\
Y &= Y_0 + Y_\delta \delta + Y_{\delta\delta\delta}\delta^3 \\
N &= N_0 + N_\delta \delta + N_{\delta\delta\delta}\delta^3
\end{aligned}
\tag{3.21}
$$

- Ensaios de movimento circular estacionário

$$
\begin{aligned}
X &= X_0 + X_{rr}r^2 \\
Y &= Y_0 + Y_r r + Y_{rrr}r^3 \\
K &= K_0 + K_r + K_{rrr}r^3 \\
N &= N_0 + N_r r + N_{rrr}r^3
\end{aligned}
\tag{3.22}
$$

semelhança, os ensaios cativos com combinação das duas entre as restrições podem resultar em derivadas cruzadas.

- Ensaios combinados de drift e roda

$$
\begin{aligned}
Y &= Y_0 + Y_\phi \phi + Y_v v + Y_{v|v|} v|v| + Y_{\phi vv} \phi v^2 + Y_{v\phi\phi} v \phi^2 \\
K &= K_0 + K_\phi \phi + K_v v + K_{vvv} v^3 + K_{\phi vv} \phi v^2 + K_{v\phi\phi} v \phi^2 \\
N &= N_0 + N_\phi \phi + N_v v + N_{v|v|} v|v| + N_{\phi vv} \phi v^2 + N_{v|\phi|} v|\phi|
\end{aligned}
\tag{3.23}
$$

- Ensaios combinados de drift-CMT

$$
\begin{aligned}
X &= X_0 + X_{vv} v^2 + X_{rr} r^2 + X_{vr} vr \\
Y &= Y_0 + Y_v v + Y_{v|v|} v|v| + Y_r r + Y_{rrr} r^3 + Y_{vvr} v^2 r + Y_{rrv} r^2 v \\
N &= N_0 + N_v v + N_{v|v|} v|v| + N_r r + N_{rrr} r^3 + N_{vvr} v^2 r + N_{rrv} r^2 v
\end{aligned}
\tag{3.24}
$$

- Ensaios combinados calcanhar-CMT

$$
\begin{aligned}
X &= X_0 + X_{\phi\phi} \phi^2 + X_{rr} r^2 \\
Y &= Y_0 + Y_\phi \phi + Y_r r + Y_{rrr} r^3 + Y_{\phi\phi r} \phi^2 r + Y_{r|\phi|} r|\phi| \\
N &= N_0 + N_\phi \phi + N_r r + N_{rrr} r^3 + N_{\phi\phi r} \phi^2 r + N_{r|\phi|} r|\phi|
\end{aligned}
\tag{3.25}
$$

A Figura 7 mostra a definição do ensaio circular estacionário em que o modelo é forçado a mover-se numa trajetória circular através da imposição de uma velocidade angular. O modelo é rodado em torno do eixo vertical a uma velocidade linear constante e com vários raios. Subsequentemente, as derivadas de rotação podem ser derivadas das forças hidrodinâmicas e do momento que actuam no modelo. A velocidade angular é definida como:

$$
r = \frac{u}{R} \tag{3.26}
$$

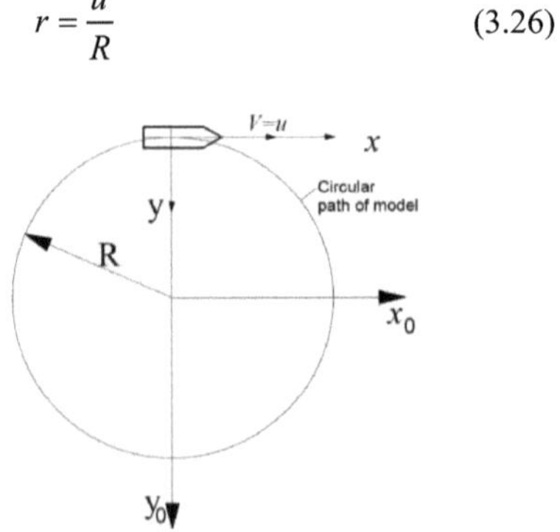

Figura 8. Ensaios circulares estacionários

No caso dos ensaios harmónicos, o modelo é forçado a oscilar numa trajetória sinusoidal, de modo a formular várias combinações de movimentos de oscilação e guinada. Os ensaios harmónicos típicos consistem em ensaios de oscilação pura, ensaios de guinada pura, ensaios de rolamento puro e ensaios harmónicos combinados de guinada e deriva. Em consequência destes ensaios, é possível determinar a massa e o momento adicionados causados pelo fluido que envolve o navio. A configuração para os ensaios de oscilação pura, guinada pura e rolamento puro é apresentada nas Figuras 8 a 10. A definição do movimento harmónico prescrito para a oscilação, a rotação e a guinada é a seguinte

$$\begin{aligned} y &= y_A \sin \omega t \\ \frac{dy}{dt} &= v = y_A \omega \cos \omega t \\ \frac{d^2 y}{dt^2} &= \dot{v} = -y_A \omega^2 \sin \omega t \end{aligned} \tag{3.27}$$

$$\begin{aligned} \psi &= \psi_A \sin \omega t \\ \frac{d\psi}{dt} &= r = \psi_A \omega \cos \omega t \\ \frac{d^2 \psi}{dt^2} &= \dot{r} = -\psi_A \omega^2 \sin \omega t \end{aligned} \tag{3.28}$$

$$\begin{aligned} \phi &= \phi_A \sin \omega t \\ \frac{d\phi}{dt} &= p = \phi_A \omega \cos \omega t \\ \frac{d^2 \phi}{dt^2} &= \dot{p} = -\phi_A \omega^2 \sin \omega t \end{aligned} \tag{3.29}$$

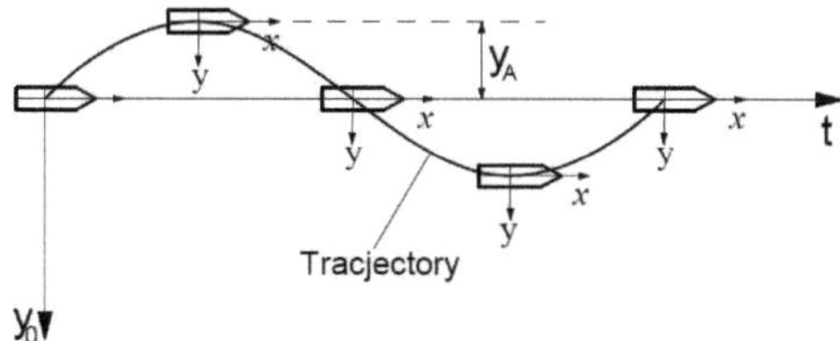

Figura 9. Ensaios de oscilação pura

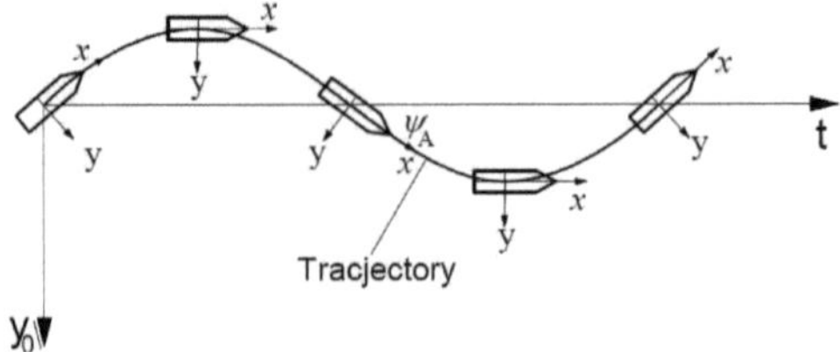

Figura 10. Ensaios de guinada pura

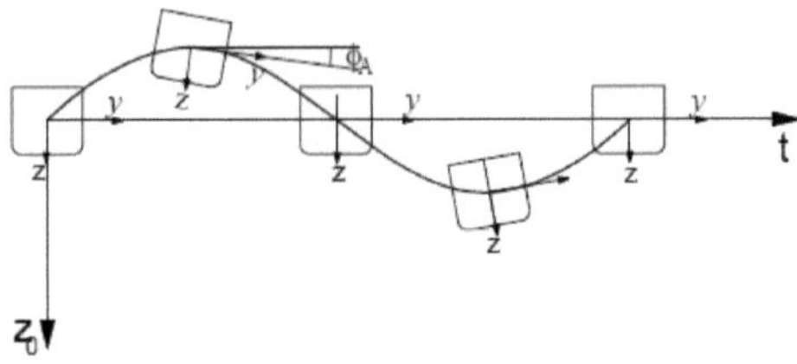

Figura 11. Ensaios de rolamento puro

Como resultado dos movimentos harmónicos, as forças e momentos obtidos podem ser decompostos em componentes em fase e componentes fora de fase utilizando uma análise de Fourier de 1st. Os coeficientes de massa adicionada estão relacionados com a componente em fase com a aceleração, enquanto os coeficientes de amortecimento estão relacionados com a componente em fase com a velocidade. A relação destes coeficientes para ensaios de oscilação pura, ensaios de guinada pura e ensaios de rolamento puro é apresentada nas Equações 3.30~3.32, respetivamente.

$$
\begin{aligned}
Y_v &= \frac{\partial Y}{\partial v} = \pm \frac{Y_{out}}{-y_A \omega} \\
N_v &= \frac{\partial N}{\partial v} = \pm \frac{Y_{out} x_s}{-y_A \omega} \\
Y_{\dot{v}} - \Delta &= \pm \frac{Y_{in}}{-\omega^2 y_A} \\
N_{\dot{v}} &= \pm \frac{Y_{in} x_s}{-\omega^2 y_A}
\end{aligned}
\tag{3.30}
$$

$$
\begin{aligned}
Y_r - \Delta u_1 &= \pm \frac{Y_{out}}{-\psi_A \omega} \\
N_r - \Delta x_G u_1 &= \pm \frac{Y_{out} x_s}{-\psi_A \omega} \\
Y_{\dot{r}} - \Delta x_G &= \pm \frac{Y_{in}}{-\omega^2 \psi_A} \\
N_{\dot{v}} - I_z &= \pm \frac{Y_{in} x_s}{-\omega^2 \psi_A}
\end{aligned}
\tag{3.31}
$$

$$
\begin{aligned}
K_p &= \pm \frac{Z_{out} y_s}{-\phi_A \omega} \\
K_{\dot{p}} - I_x &= \pm \frac{Z_{in} y_s}{-\omega^2 \phi_A}
\end{aligned}
\tag{3.32}
$$

3.4 Modelo matemático de manobra

O modelo de Son e Nomoto para o movimento de manobra na sobreelevação, oscilação, rolamento e guinada [Fossen, 1994] é escolhido para ser a base do estudo de manobra do KCS. A forma geral do modelo é apresentada na Equação (3.33). O modelo das forças hidrodinâmicas e dos momentos é apresentado nas Equações 3.34~3.37.

$$
\begin{aligned}
&\left(m - X_{\dot{u}}\right)\dot{u} - \left(m - Y_{\dot{v}}\right)vr = X \\
&\left(m - Y_{\dot{v}}\right)\dot{v} + \left(m + X_{\dot{u}}\right)ur + Y_{\dot{v}}\alpha_y \dot{r} - Y_{\dot{v}} l_y \dot{p} = Y \\
&\left(I_x + I_{\dot{p}}\right)\dot{p} - Y_{\dot{v}} l_y \dot{v} - X_{\dot{u}} l_x ur + WGM\phi = K \\
&\left(I_z + I_{\dot{r}}\right)\dot{r} + Y_{\dot{v}}\alpha_y \dot{v} = N - Yx_G
\end{aligned}
\tag{3.33}
$$

As forças e momentos hidrodinâmicos são modelados como

$$
\begin{aligned}
X' = {} & X'_{uu} u'^2 + (1-t)T'(J) + X'_{vr} v'r' + C'_{v\delta} v'\delta \\
& + X'_{vv} v'^2 + X'_{rr} r'^2 + X'_{\phi\phi} \phi^2 + X'_{\delta\delta} \delta^2
\end{aligned}
\tag{3.34}
$$

$$Y' = Y'_v v' + Y'_r r' + Y'_p p' + Y'_\phi \phi + Y'_{v|v|} v'|v'| + Y'_{rrr} r'^3 + Y'_\delta \delta + Y'_{\delta\delta\delta}\delta^3 + Y'_{vvr} v'^2 r' + Y'_{rrv} r'^2 v' + Y'_{vv\phi} v'^2 \phi + Y'_{rr\phi} r'^2 \phi + Y'_{\phi\phi r} r'\phi^2 + Y'_{vv\delta} v'^2 \delta + Y'_{\delta\delta v} v'\delta^2 \tag{3.35}$$

$$K' = K'_v v' + K'_r r' + K'_p p' + K'_\phi \phi + K'_{vvv} v'^3 + K'_{rrr} r'^3 + K'_{vvr} v'^2 r' + K'_{rrv} r'^2 v' + K'_{vv\phi} v'^2 \phi + K'_{rr\phi} r'^2 \phi + K'_{\phi\phi r} r'\phi^2 - (1 + a_H) z'_R Y_R \cos\delta \tag{3.36}$$

$$N' = N'_v v' + N'_r r' + N'_p p' + N'_\phi \phi + N'_{v|v|} v'|v'| + N'_{rrr} r'^3 + N'_\delta \delta + N'_{\delta\delta\delta}\delta^3 + N'_{vvr} v'^2 r' + N'_{rrv} r'^2 v' + N'_{vv\phi} v'^2 \phi + N'_{rr\phi} r'^2 \phi + N'_{\phi\phi r} r'\phi^2 + N'_{vv\delta} v'^2 \delta + N'_{\delta\delta v} v'\delta^2 \tag{3.37}$$

Capítulo 4

Resultados e discussão

4.1 Estudo de caso

O navio candidato apresentado neste estudo é o KRISO Container Ship (KCS), com uma proa e uma popa bulbosas. O navio está equipado com um hélice e um leme. A hélice é uma hélice de cinco pás de passo fixo com rotação correta. É utilizado um leme de pás com o perfil de um NACA 0018. A figura 11 ilustra as secções do casco e o perfil do navio; o modelo IGES foi retirado do SIMMAN2020. As principais caraterísticas do casco, do hélice e do leme são indicadas no quadro 2.

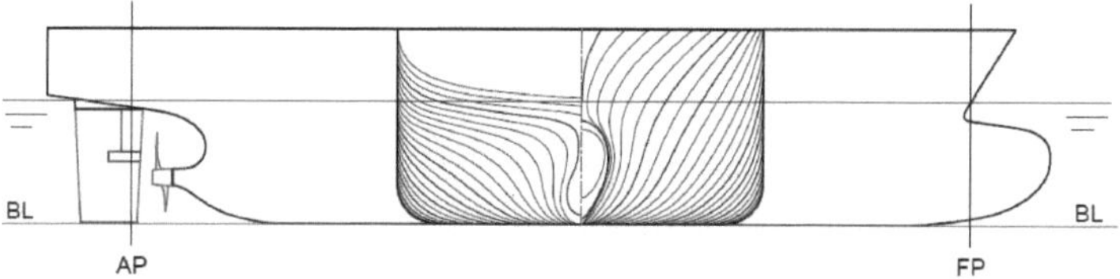

Figura 12. Plano de corpo do modelo KCS

Tal como mencionado no SIMMAN2020, assume-se que o KCS à escala real é operado a uma velocidade de 8,75 nós numa zona de águas pouco profundas sem considerar os efeitos de banco. Assim, é utilizado um modelo à escala correspondente com o comprimento entre perpendiculares de 1,5 metros e é especificado um fundo do mar plano no estudo numérico. Os movimentos estacionários em linha reta, os movimentos circulares, os movimentos combinados e o movimento de rolamento puro são simulados para prever as derivadas de manobra do modelo 4DOF do navio KCS em rácios de profundidade da água de 1,5 e 2,0. Os condicionalismos destes testes são apresentados na Tabela 3~4.

Tabela 2. Principais caraterísticas do modelo KCS

Item	Unidade	Valor
Casco		
L_{pp}	m	230
B_{wl}	m	32.2
D	m	19
T	m	10.8
C_B	-	0.651
∇	m^3	52030
LCB	%, fwd+	-1.48
LCG	m	111.6
KG	m	14.32
k_{xx}/B	-	0.40
k_{zz}/ L_{pp}	-	0.25
GM_T	m	0.6
Leme		
Tipo	-	leme de buzina semi-equilibrado
S_R	m^2	115
S_L	m^2	54.45
r	graus/s	2.32
Hélice		
Tipo	-	PF
Número de lâminas	-	5
D	m	7.9
P/D (0,7R)	-	0.997
A_e /A_0	-	0.8
Rotação	Mão direita	-
Rácio do cubo	-	0.18

Tabela 3. Condições de ensaio para os ensaios em linha reta e ensaios circulares

Caso	V (nós)	β (deg)	ϕ (deg)	r' [-]
Direto	7, 8.75, 10, 12	-	-	-
Desvio estático	8.75	4,8, 12,16	0	-
Calcanhar estático	8.75	-	0,2,4, 6,8,10	-
Movimento circular	8.75	-	0.0	0.3,0.35 0.4,0.5
Combinação de rodas de deriva	8.75	4,6,8,12,	2, 4, 8	0.0
Combinação calcanhar-CMT	8.75	0.0	2, 4, 6	0.3,0.4, 0.5
Deriva combinada-CMT	8.75	4, 6, 8, 12	0.0	0.3,0.4,0.5

Tabela 4. Condições de ensaio para o movimento harmónico do rolo

f_{max} [deg]	ω [rad/s]	p [rad/s]	p_{dot} [rad/s^2]
5	0.6	5.236E-02	-3.141E-02
5	0.8	6.981E-02	-5.585E-02
5	1.0	8.726E-02	-8.726E-02

4.2 Forças hidrodinâmicas

Neste estudo, as forças e momentos hidrodinâmicos que actuam no navio são a principal preocupação para estimar as derivadas de manobra. Os resultados computacionais são verificados principalmente com os resultados experimentais de KRISO [SIMMAN 2020] e

Gronaz (1997). Os ensaios estacionários em linha reta, os ensaios circulares e os ensaios combinados são simulados numericamente utilizando o método baseado em RANS para escoamentos incompressíveis. Os domínios de fluido são escolhidos para evitar os efeitos das condições de fronteira, tais como a entrada, a saída e a parede lateral. Optou-se por um domínio retangular para os ensaios estacionários em linha reta e para os ensaios harmónicos. Para os ensaios em linha reta estacionários, o domínio é dividido em duas partes: parte interior e parte exterior e o escoamento do fluido sobre o navio é simulado no referencial estacionário. Por outro lado, o domínio circular é utilizado para a simulação dos ensaios circulares estáveis no referencial rotativo, como se mostra na secção 2.2. De acordo com a recomendação da ITTC (International Towing Tank Conference) sobre as diretrizes práticas para a aplicação do CFD a navios, as fronteiras devem estar situadas a 1,0~2,0 L_{pp} de distância do casco do navio. Além disso, a dimensão do domínio tem de ser aumentada nos casos de simulação de navios com a condição de superfície livre. Assim, as dimensões do domínio retangular são selecionadas para serem 6,5L de comprimento, 4,0L_{pp} de largura e 1,0L de altura. Estes são 0,2L_{pp}, 5.0L_{pp}e 0,6L_{pp} para o raio interior, o raio exterior e a espessura do domínio circular. Além disso, são aplicadas condições físicas para a fronteira do domínio. As Figuras 12~13 mostram os domínios típicos e as suas dimensões para os ensaios estacionários em linha reta e para os ensaios circulares, respetivamente. Para definir o problema CFD dos ensaios cativos, a face frontal e a face posterior do domínio retangular são correspondentemente atribuídas à entrada e à saída de pressão. A condição de deslizamento é definida para as paredes laterais e a condição de não deslizamento é especificada para as superfícies do casco e o fundo do mar. A face superior do domínio é considerada como condição de simetria. Para o domínio circular, a face frontal e a superfície exterior são afectadas à condição de entrada de velocidade. A condição de saída de pressão é definida para a face posterior. O casco do navio e a face inferior são considerados como condições de não deslizamento.

A geração da grelha é o passo seguinte para discretizar o domínio do fluido num certo número de volumes de controlo. A malha híbrida é adoptada para os ensaios estacionários em linha reta. A malha não estruturada é mais flexível para facilitar a geração de malhas de geometria complexa e, por conseguinte, é utilizada para discretizar o domínio interior, incluindo o casco. Especificamente, a camada limite do casco é discretizada utilizando uma malha prismática desenvolvida a partir de uma malha triangular na superfície do casco para resolver o escoamento em torno do casco e a malha tetraédrica é utilizada noutros pontos afastados do casco. A altura do primeiro elemento do prisma junto à parede do navio é calculada para satisfazer o valor y^+ de 10 correspondente ao regime de escoamento de transição com um número de Reynolds de $5{,}4\times 10^5$. Por outro lado, a parte exterior é discretizada utilizando a malha estruturada que pode ajudar a reduzir o tamanho da grelha. São aplicados elementos hexaédricos no domínio exterior. A Figura 14 mostra a malha interna, a malha externa e a malha da superfície do navio típicas utilizadas para simular os ensaios estacionários em linha reta. A figura 15 ilustra uma malha típica utilizada na simulação dos ensaios circulares. O número de elementos de uma malha híbrida típica é de cerca de 5,6 milhões, enquanto o número de elementos da malha tetraédrica é de cerca de 3,4 milhões. A assimetria máxima das malhas é mantida a um nível inferior a 0,84.

O solver baseado em RANS do ANSYS Fluent versão 19.2 é escolhido como ferramenta para simular o escoamento de fluidos através do casco. De acordo com as Diretrizes Práticas do ITTC para a Aplicação de CFD em Navios, os modelos de turbulência de duas equações demonstraram ser capazes de fornecer uma previsão precisa da hidrodinâmica do navio. Assim, optou-se pelo modelo de turbulência SST k-omega para modelar o escoamento turbulento em torno do casco. O algoritmo SIMPLE (Semi-implicit method for pressure link equations) é utilizado para resolver iterativamente as equações que regem o escoamento. O método dos mínimos quadrados baseado em células é utilizado para avaliar o gradiente das variáveis do escoamento. As quantidades nas faces das células são calculadas a partir dos valores centrados nas células, utilizando o método upwind de segunda ordem.

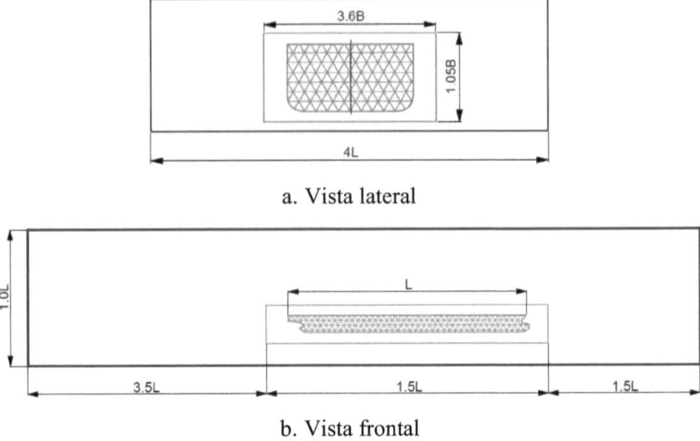

a. Vista lateral

b. Vista frontal

Figura 13. Domínio do fluido para os ensaios estacionários em linha reta

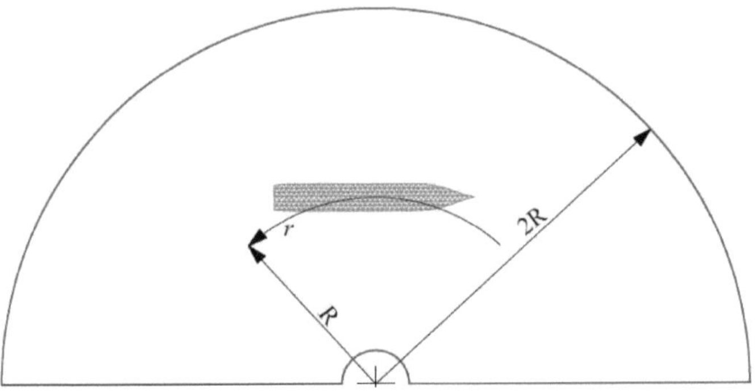

Figura 14. Domínio do fluido para os ensaios circulares

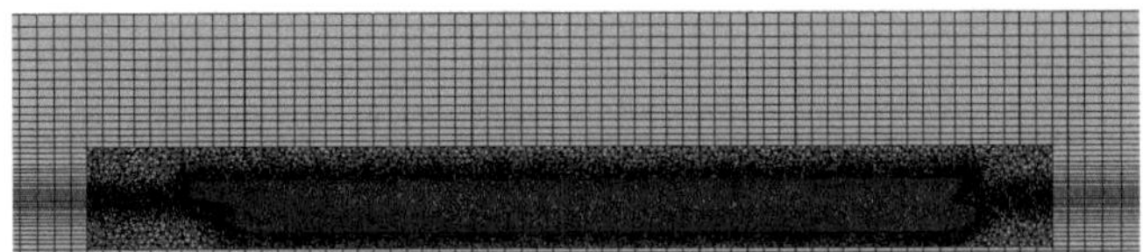

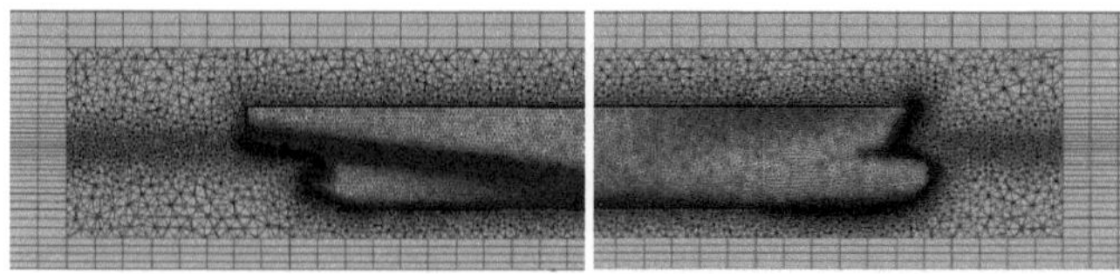

Figura 15. Malha híbrida para o modelo KCS e domínio do fluido para ensaios estacionários em linha reta

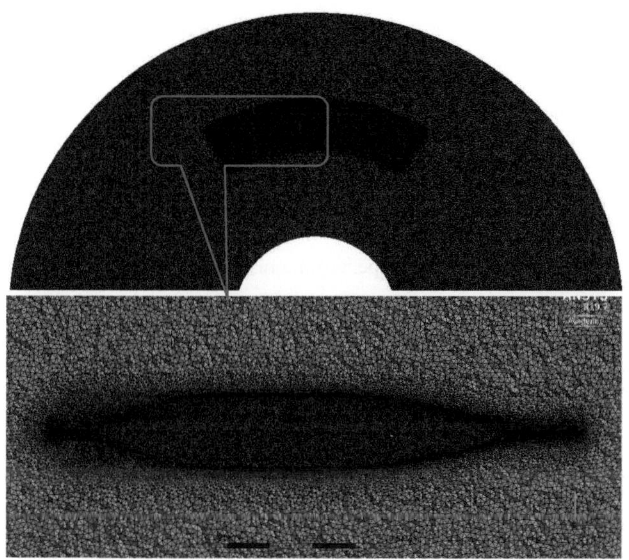

Figura 16. Malha tetraédrica para ensaios circulares

A fração de volume de água com uma pequena variação é captada para o avanço a uma razão de profundidade da água de 1,5, Figura 16. A Figura 17 mostra os contornos de velocidade no corte central do domínio do fluido no caso de uma razão de profundidade da água de 2,0. Pode ver-se que a velocidade do escoamento aumenta à medida que passa por baixo do fundo do navio. Além disso, a Figura 18~19 ilustra a distribuição da pressão na superfície do navio. De acordo com a notação dos fluxos de elevação, o campo de pressão no navio aumenta em magnitude e extensão quanto maior for o ângulo de rotação. Com estes efeitos, a ação hidrodinâmica sobre o navio aumenta consequentemente. Neste estudo, os ensaios numéricos em cativeiro centram-se principalmente nas forças e momentos hidrodinâmicos que actuam no modelo durante os movimentos condicionados. As Figuras 20~22 mostram os resultados do cálculo das forças e momentos hidrodinâmicos dos ensaios em linha reta estacionários com rácios de profundidade da água de 1,5 e 2,0. Em geral, a tendência global mostra que as forças e os momentos hidrodinâmicos aumentam quando o nível de profundidade da água diminui. O momento de rolamento aumenta linearmente com o aumento do ângulo de rolamento, enquanto as outras forças e momentos têm uma variação não linear em relação às restrições de movimento. As tendências semelhantes para os resultados dos ensaios circulares estáveis e dos ensaios combinados calcanhar-CMT e deriva-calcanhar são apresentadas nas Figuras 23~29. A relação entre a força de pico, a força de oscilação e o momento de guinada em relação à velocidade de guinada não é linear. Estas forças e momentos aumentam com o aumento da velocidade de guinada.

Para obter as derivadas de manobra, é utilizado o método dos mínimos quadrados para aproximar as forças e os momentos. As derivadas dependentes da velocidade ou da rotação são determinadas a partir dos ensaios com apenas uma restrição de movimento, como o ensaio de deriva estática, o ensaio de calcanhar estático e os ensaios circulares estáveis. Entretanto, as derivadas acopladas cruzadas são obtidas a partir dos ensaios combinados, subtraindo as forças hidrodinâmicas dos ensaios com uma única variável de movimento.

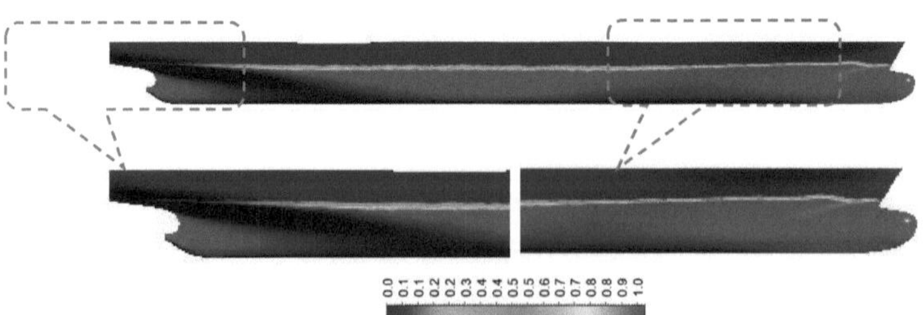

Figura 17. Fração de água em caso de marcha em frente, h/T = 1,5

0.00 0.03 0.06 0.09 0.12 0.15 0.18 0.21 0.24 0.27 0.30 0.33 0.36 0.39 0.42 0.45 0.48

Figura 18. Contornos de velocidade, [m/s], h/T = 2,0

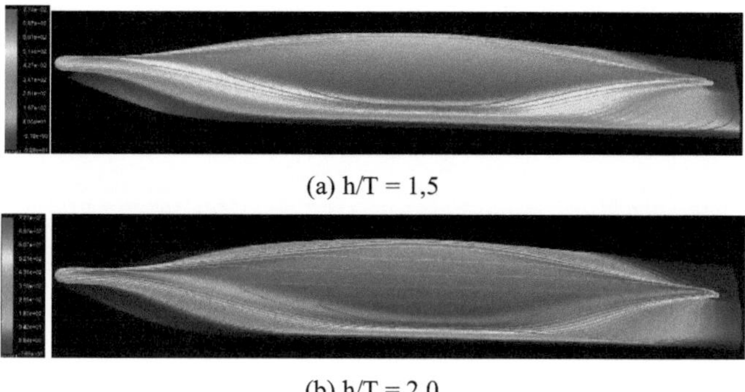

(a) h/T = 1,5

(b) h/T = 2,0

Figura 19. Pressão total no casco, =12 ,β°ϕ° , =8[Pa]

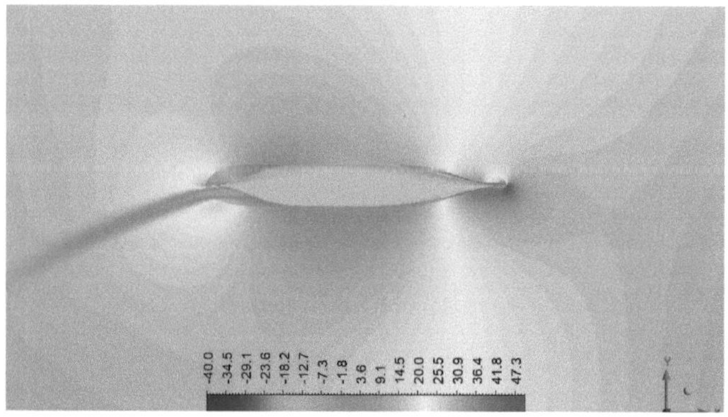

(a) h/T = 1,5

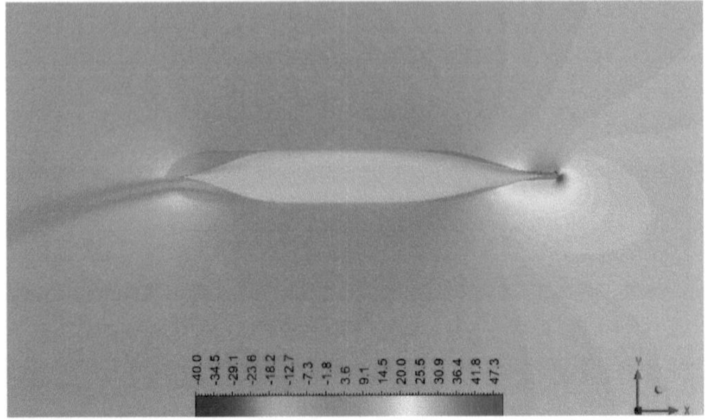

(b) h/T = 2,0

Figura 20. Contornos de pressão numa fatia (z=-0,5T) em casos de ensaios circulares,ω '=0,5, [Pa]

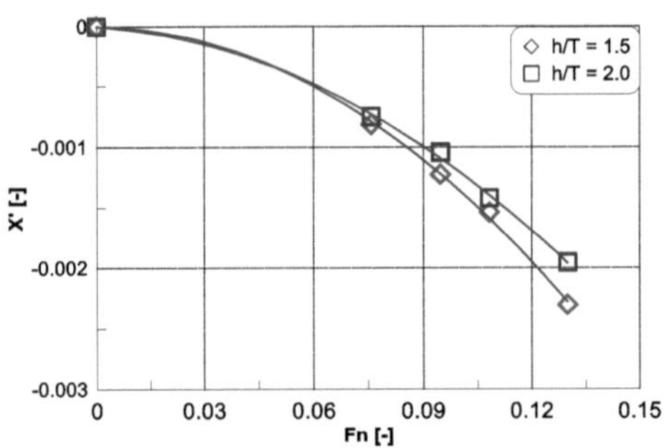

Figura 21. Força de sobretensão dos ensaios simples

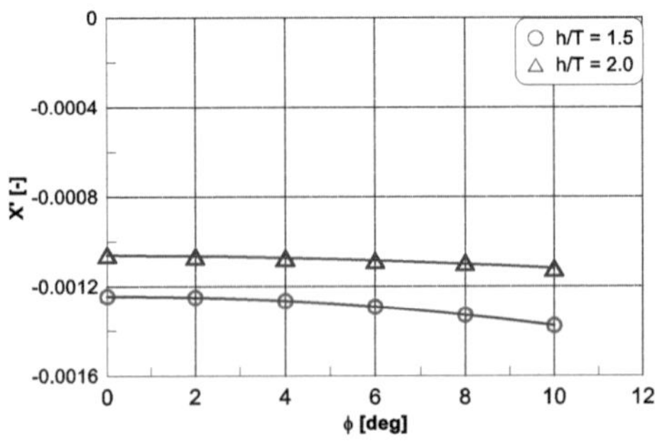

(a) Força de sobretensão

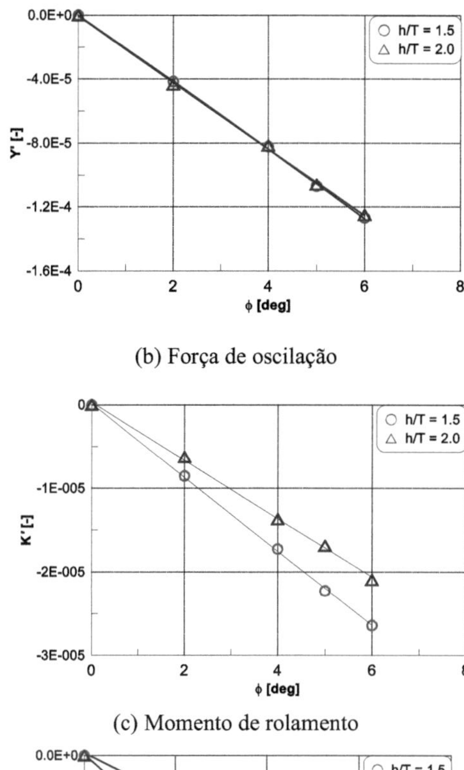

(b) Força de oscilação

(c) Momento de rolamento

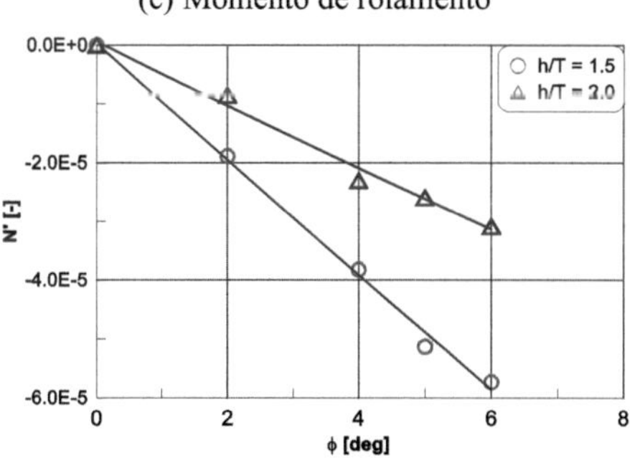

(d) Momento de guinada

Figura 22. Resultados do ensaio estático do calcanhar

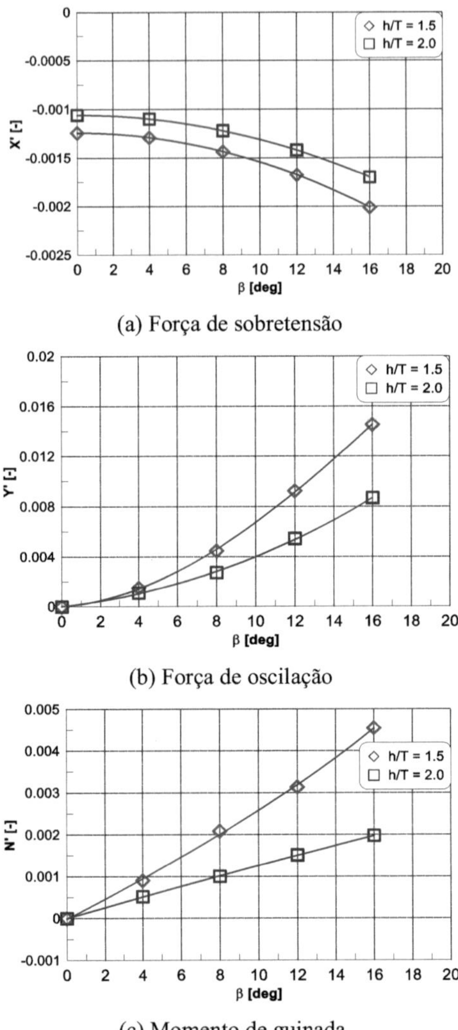

(a) Força de sobretensão

(b) Força de oscilação

(c) Momento de guinada

Figura 23. Resultados do ensaio de deriva estática

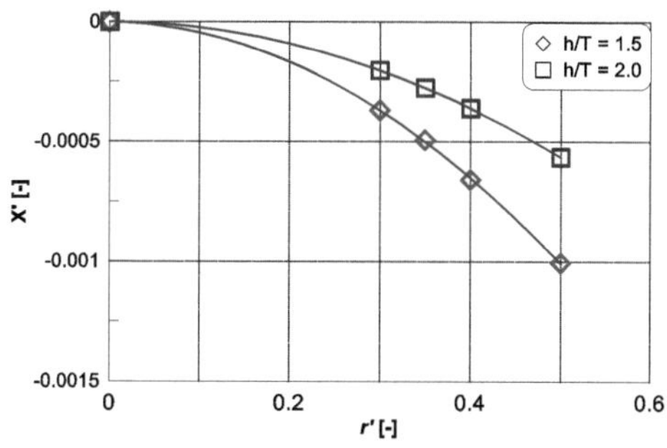

(a) Força de sobretensão

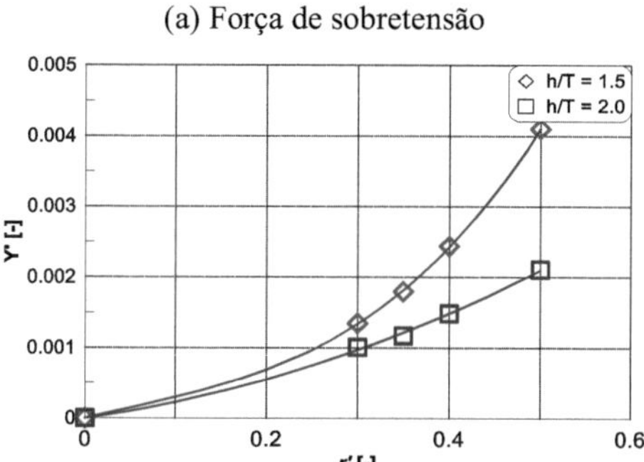

(b) Força de oscilação

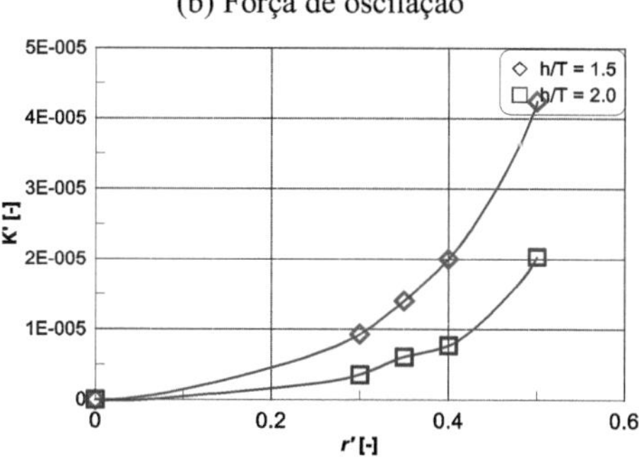

(b) Momento de rolamento

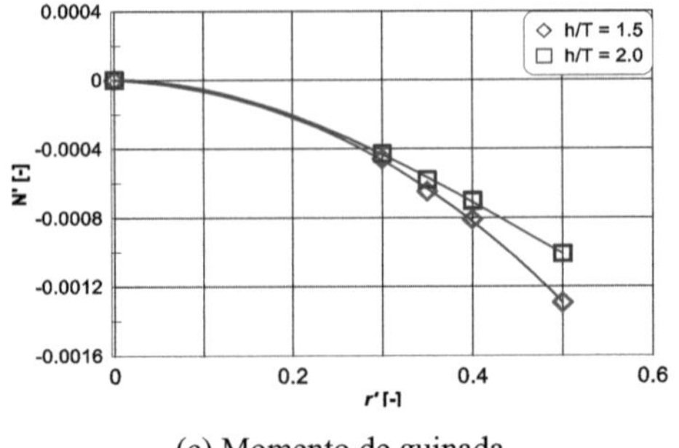

(c) Momento de guinada

Figura 24. Resultados do ensaio de movimento circular

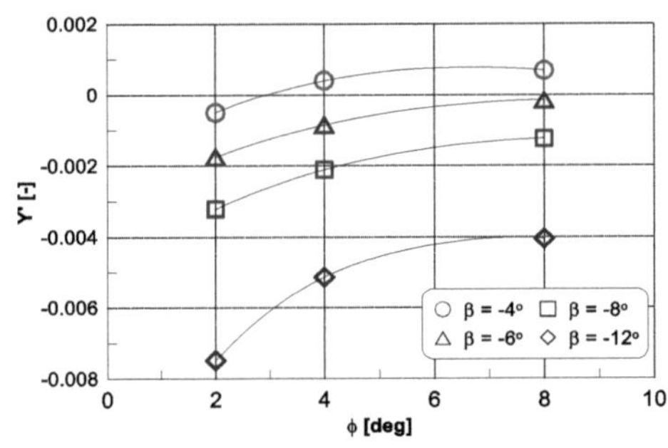

(a) Força de oscilação

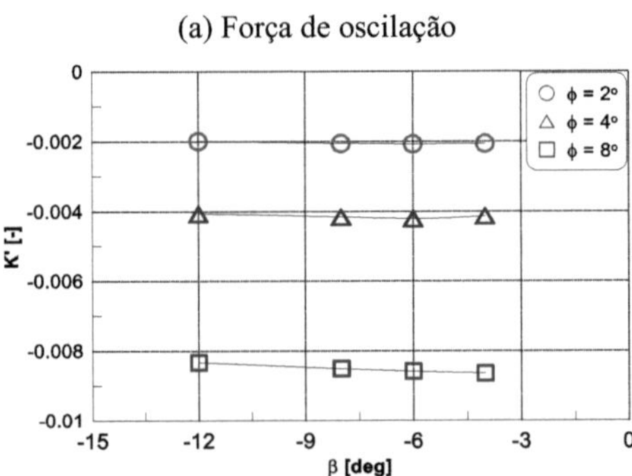

(b) Momento de rolamento

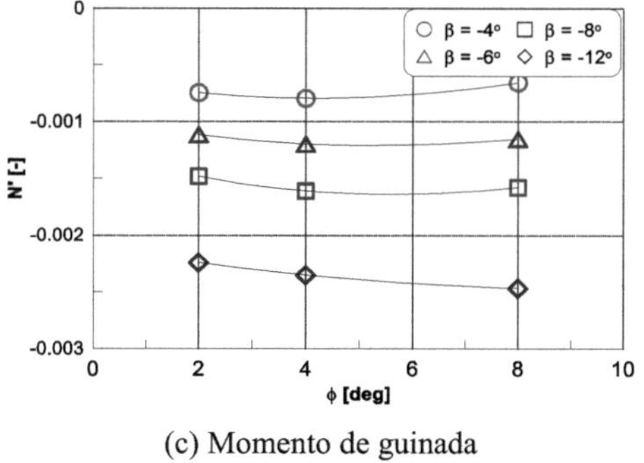

(c) Momento de guinada

Figura 25. Resultados do ensaio combinado calcanhar-derrapagem, h/T = 1,5

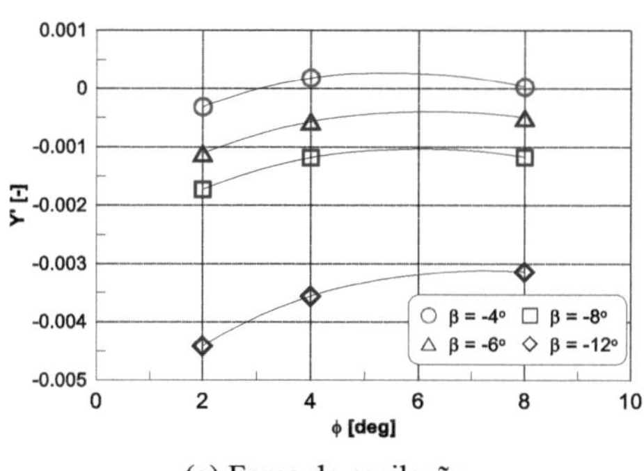

(a) Força de oscilação

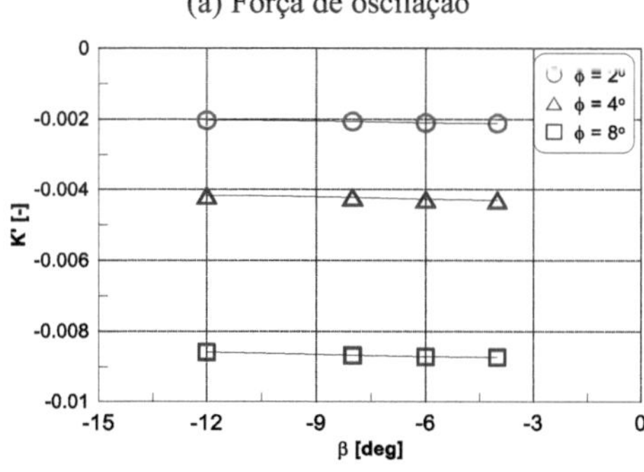

(b) Momento de rolamento

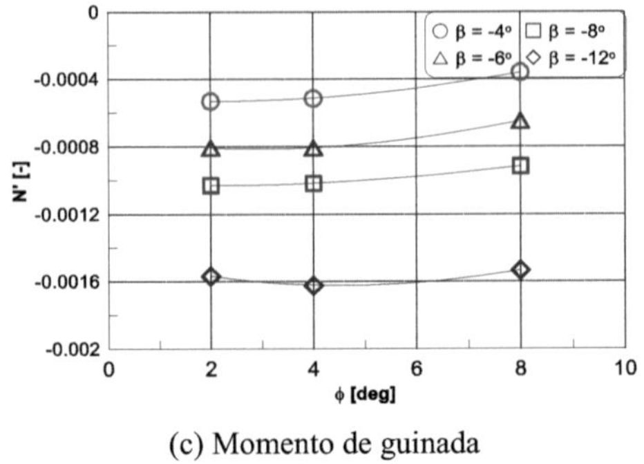

(c) Momento de guinada

Figura 26. Resultados do ensaio combinado calcanhar-derrapagem, h/T = 2,0

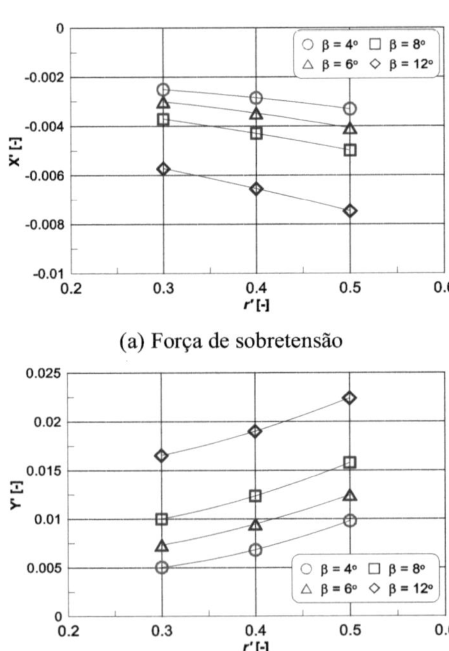

(a) Força de sobretensão

(b) Força de oscilação

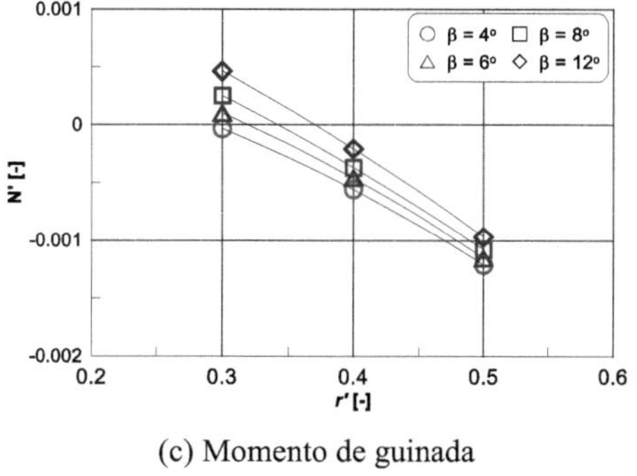

(c) Momento de guinada

Figura 27. Resultados da deriva combinada-CMT, h/T = 1,5

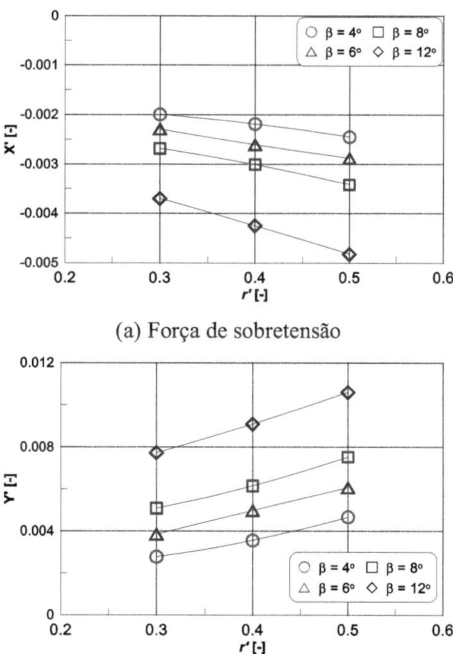

(a) Força de sobretensão

(b) Força de oscilação

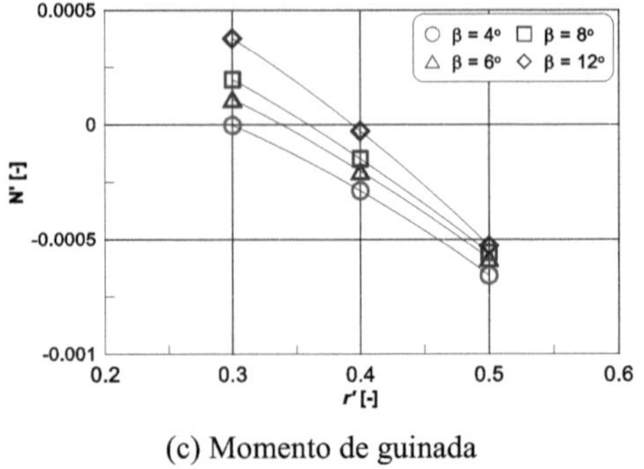

(c) Momento de guinada

Figura 28. Resultados do ensaio combinado de deriva e CMT, h/T = 2,0

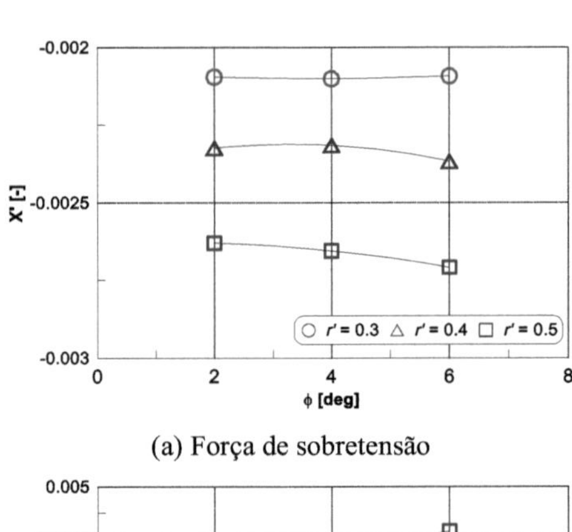

(a) Força de sobretensão

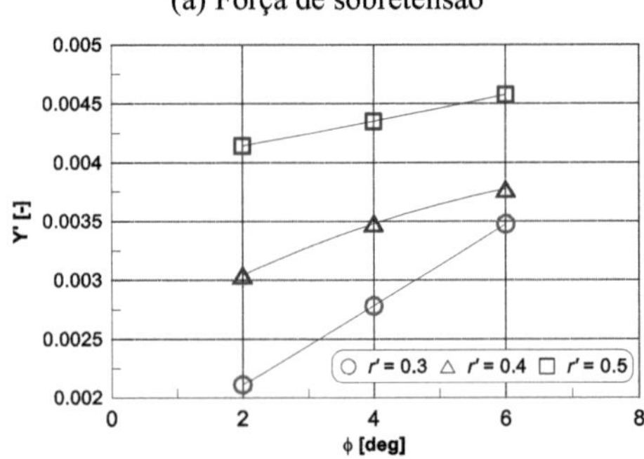

(b) Força de oscilação

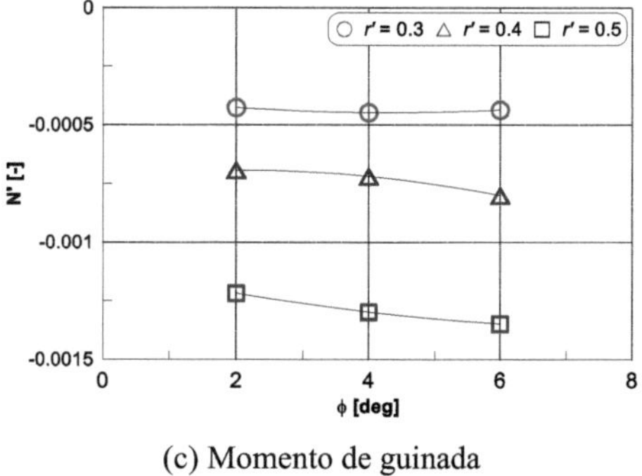

(c) Momento de guinada

Figura 29. Resultados do ensaio combinado calcanhar-CMT, h/T = 1,5

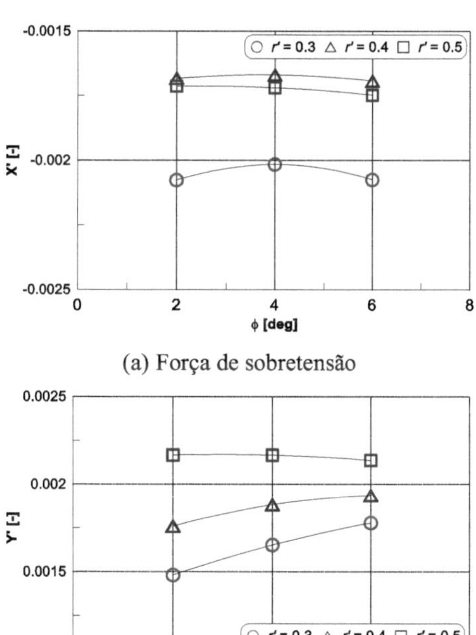

(a) Força de sobretensão

(b) Força de oscilação

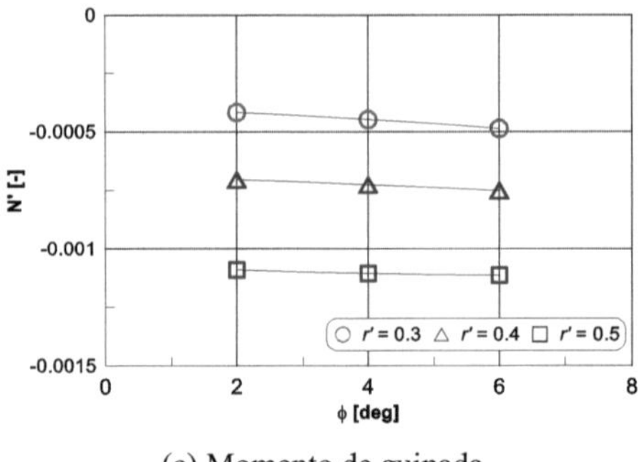

(c) Momento de guinada

Figura 30. Combinado do ensaio calcanhar-CMT, h/T = 2,0

Para os movimentos harmónicos, são realizados ensaios de rolamento puro 2D para a secção de meio-navio. Aplica-se a análise de Fourier ao momento de rolo resultante dos ensaios para obter as componentes em fase e fora de fase. Integrando o momento de rolo das secções no comprimento do navio, obtém-se o momento de rolo do navio. A figura 30 mostra as componentes do momento de rolamento de cada secção, bem como o momento de rolamento total do KCS. O momento de rolamento adicionado e o amortecimento do rolamento são estimados por aproximação linear da componente em fase e da componente fora de fase, respetivamente.

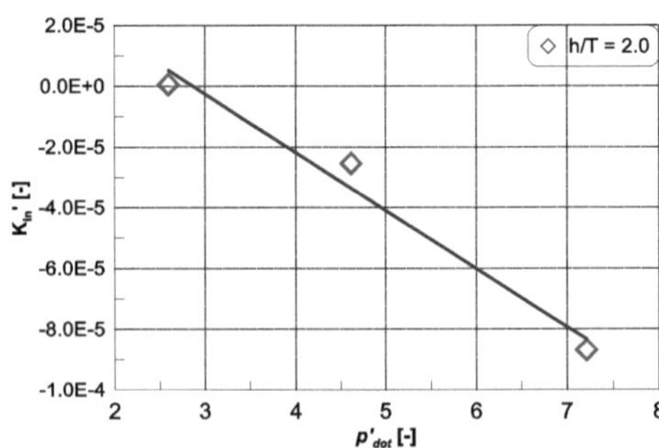

(a) Componente em fase do momento de rolamento

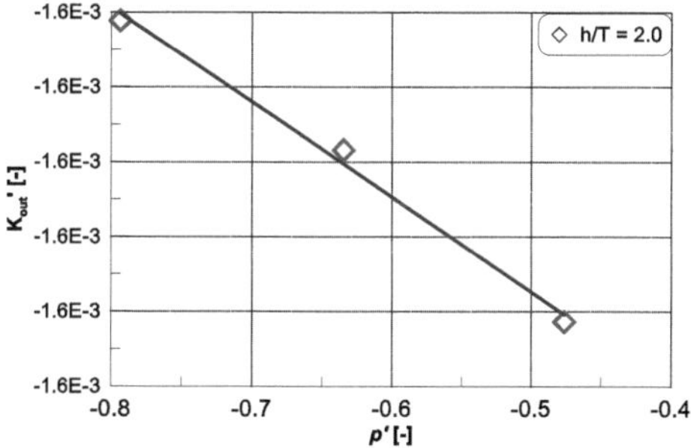

Figura 31. Componentes do momento de rolamento, h/T = 2,0

4.3 Forças hidrostáticas

Um navio de superfície não é apenas a massa e as forças de amortecimento, mas também as forças hidrostáticas causadas pelo peso do navio e pela flutuabilidade. Para o modelo 4DOF, apenas existe o momento hidrostático de rolo, que é calculado pela Equação (4.6). A Figura 31 ilustra a definição do momento de rolo hidrostático que ocorre quando o navio tem um ângulo de adornamento.

$$K_{HS} = -W\overline{GM_T}\sin\phi \tag{4.1}$$

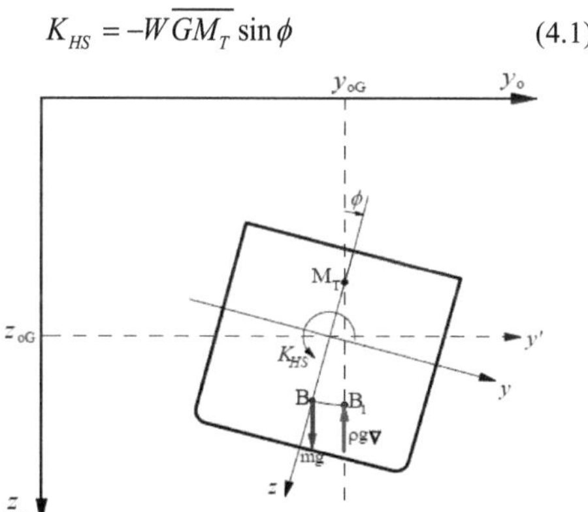

Figura 32. Momento hidrostático de rolamento

4.4 Forças da hélice

Normalmente, os efeitos de águas pouco profundas nas caraterísticas da hélice são regidos pela alteração da esteira do navio e do fluxo de entrada da hélice. Na investigação do efeito de águas pouco profundas no desempenho da hélice, Gronarz (1997) concluiu que as forças da hélice eram apenas fracamente afectadas pela diminuição da profundidade da água. Além disso, Varyani (1997) estudou a simulação de manobras em águas pouco profundas do ESSO OSAKA e do cruzador de popa BRITISH BOMBARDIER considerando os efeitos da fração de esteira no local do hélice. Concluiu que este fator é crucial na previsão do desempenho de manobra em águas pouco profundas para navios de grande porte. Além disso, Delefortrie também demonstrou que a dedução do empuxo aumenta com a diminuição da profundidade da água. Por conseguinte, as forças do hélice para modelos de manobra podem ser obtidas a partir de dados de ensaios em águas abertas em combinação com o fator de fração de esteira. A Figura 32 mostra as caraterísticas do hélice que foram obtidas no ensaio em águas abertas com um número de Reynolds de 7,47×10^5 em KRISO [SIMMAN2020]. O empuxo não-dimensional, o momento e a eficiência da hélice são descritos como uma função do coeficiente de avanço. Estes são definidos da seguinte forma:

$$K_T = \frac{T_0}{\rho n^2 D^4} \qquad (4.2)$$

$$K_Q = \frac{Q_0}{\rho n^2 D^5} \qquad (4.3)$$

$$\eta_0 = \frac{J}{2\pi} \cdot \frac{K_T}{K_Q} \qquad (4.4)$$

$$J = \frac{V_p}{nD_p} \qquad (4.5)$$

$$V_p = \left(1 - w_p\right)V \qquad (4.5)$$

em que w é o coeficiente de fração de esteira e o seu valor depende em grande medida da forma do casco e da dimensão e localização da hélice. De acordo com Yasukawa, o coeficiente da fração de esteira no caso de águas pouco profundas pode ser calculado a partir do coeficiente no caso de águas profundas, que é

$$\frac{w_{shallow}}{w_{deep}} = 1 + (6.6 - 7.0C_B)\left(\frac{T}{h} - 0.2\right)^{5.4C_B - 2.2} \qquad (4.7)$$

O modelo de força da hélice utilizado para o modelo de manobra é

$$K_T = 0.5505 - 0.4467J - 0.0930J^2 \qquad (4.8)$$

$$T_P = \rho n^2 D_p^4 K_T\left(J_p\right) \qquad (4.9)$$

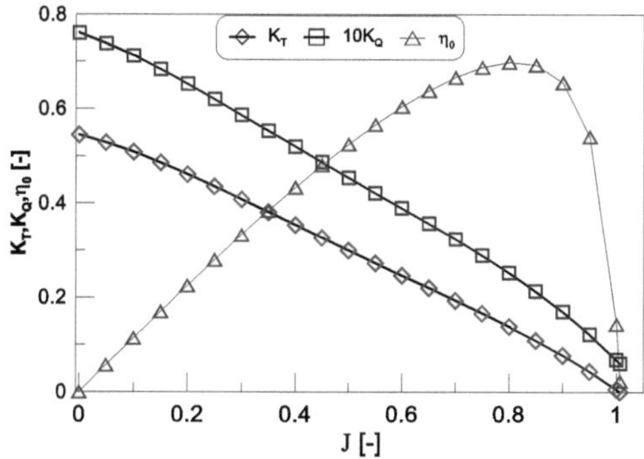

Figura 33. K_T , K_Q , eη_0 em função do coeficiente de avanço

4.5 Forças do leme

Os coeficientes hidrodinâmicos foram obtidos para o leme KCS através de ensaios em modelo cativo em várias proporções de águas pouco profundas em KRISO [SIMMAN]. A configuração do leme é efectuada atrás do KCS e da hélice. As Figuras 33~35 mostram as forças e os momentos obtidos nos ensaios estáticos do leme e nos ensaios combinados do leme de deriva com rácios de profundidade da água de 1,5 e 2,0. Pode ver-se que não há efeitos das condições de águas pouco profundas nas caraterísticas do leme.

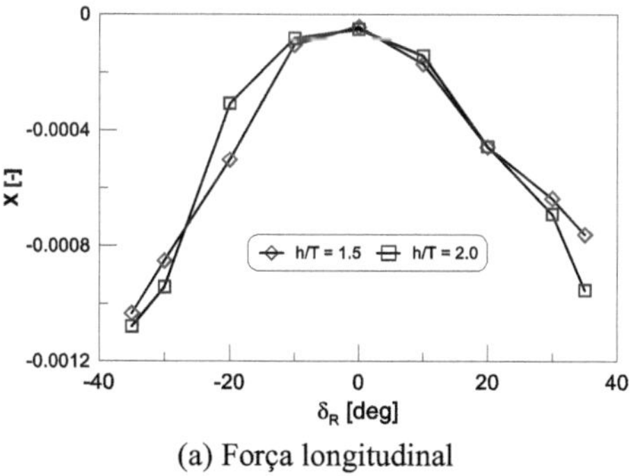

(a) Força longitudinal

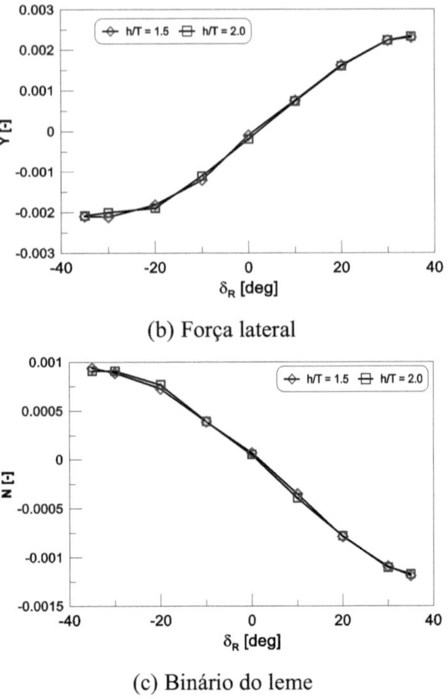

(b) Força lateral

(c) Binário do leme

Figura 34. Resultados dos ensaios estáticos do leme, h/T = 1,5

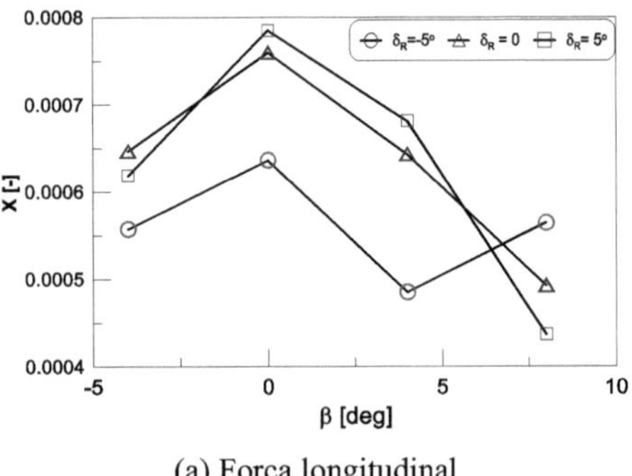

(a) Força longitudinal

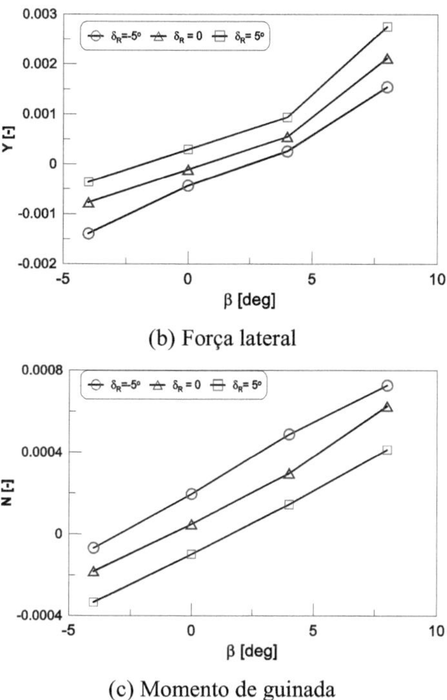

(b) Força lateral

(c) Momento de guinada

Figura 35. Resultados do ensaio combinado de deriva e leme, h/T = 1,5

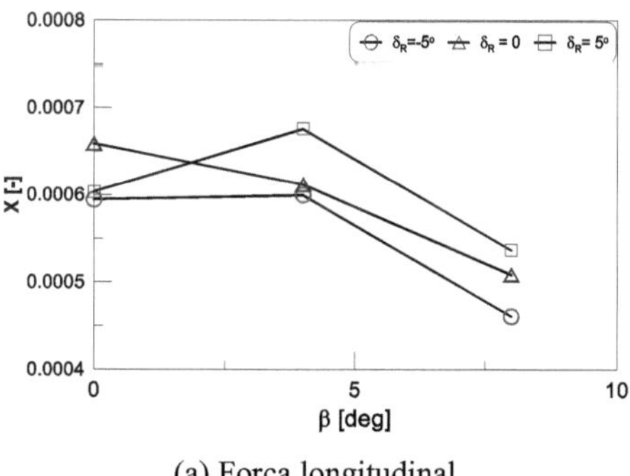

(a) Força longitudinal

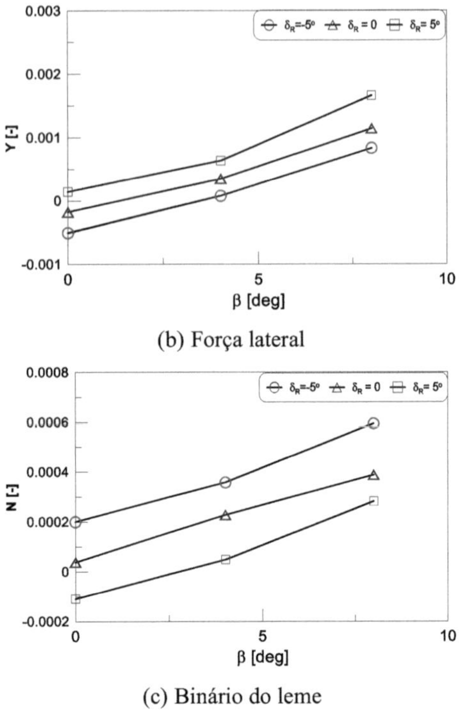

(b) Força lateral

(c) Binário do leme

Figura 36. Resultados dos ensaios combinados de deriva e leme, h/T = 2,0

O momento de rolamento induzido pelo leme ocorre quando o leme é acionado. O momento de rotação induzido pela distância vertical entre o centro de gravidade do leme e o centro de gravidade da embarcação e a força lateral do leme pode ser calculado pela seguinte fórmula

$$K_R = -\left(KG - \frac{d}{2}\right)Y_R \qquad (4.10)$$

4.6 Estudo de verificação

Para a geometria em causa, é gerada uma série de grelhas e são efectuados os cálculos CFD. A variação nos resultados do cálculo CFD é então analisada. O método GCI (Grid Convergence Index) é aplicado para avaliar a variação e o erro de discretização da malha da simulação é avaliado. De acordo com este método, são gerados pelo menos três níveis de grelhas - grosseira, média e fina. Os parâmetros de convergência da malha fina (1), da malha média (2) e da malha grossa (3) são definidos da seguinte forma

- Taxa de convergência da grelha:

$$p = \frac{\ln(\varepsilon_{32} / \varepsilon_{21})}{\ln(r_G)} \tag{4.11}$$

- Rácio de convergência da grelha:

$$R_G = \frac{\varepsilon_{21}}{\varepsilon_{32}} \tag{4.12}$$

- Índice de convergência da grelha:

$$GCI_{ij} = F_S \frac{|e_{ij}|}{r^p - 1} \tag{4.13}$$

em que $\varepsilon_{ij} = \phi_j - \phi_i$, $e_{ij} = (\phi_j - \phi_i)/\phi_j$, e ϕ_i representa a solução na grelha i^{th} malha. F_s é de 1,5 para o estudo com malha não estruturada (Balancas).

O teste de deriva estática em =12β° e o teste combinado de deriva e roda em =12β° e =8ϕ° são escolhidos para examinar os erros de discretização. Os tamanhos de malha gerados para o ensaio de deriva estática são 1978999 nós, 2638389 nós e 2794898 nós, correspondendo à grelha grossa, grelha média e grelha fina, enquanto que estes são 2433339 nós, 2561101 nós e 2873365 nós para o caso de ensaio combinado. Os cortes das três malhas para estes casos são apresentados nas Figuras 36~37. A Figura 38~39 mostra as forças e os momentos hidrodinâmicos em relação às 3 malhas. É visível que os erros das soluções diminuem quando as malhas são geradas de forma mais fina. De acordo com a Tabela 5, as incertezas numéricas no caso das soluções de malha fina de X, Y e N obtidas do ensaio de deriva estática são 7,76%, 4,62% e 2,22%. De forma semelhante, as incertezas numéricas para os casos de malha do ensaio combinado de deriva e roda são de 6,56%, 1,72%, 2,18% e 0,85% para X, Y, K e N, respetivamente. Estas quantidades indicam que os erros das soluções de Y, K e N diminuem quando a malha se torna mais fina. O erro de discretização da malha fina é suficientemente pequeno e considera-se que a solução desta malha é independente da geração da grelha. A solução da força de sobretensão tem uma pequena alteração quando a qualidade da malha é variada. A partir do estudo da independência da malha, a malha fina é escolhida para todas as simulações baseadas em CFD neste estudo.

Tabela 5. Estudo de convergência da grelha do ensaio de deriva estática, =16β°

Parâmetro	X	Y	N
e_{32}	-2.02E-05	-1.26E-04	-2.94E-05
e_{21}	-1.50E-05	-7.20E-05	-1.39E-05
e_{32}	1.46E-02	2.35E-02	1.96E-02
e_{21}	1.07E-02	1.33E-02	9.19E-03
p_G	8.45E-01	1.61E+00	2.17E+00
R_G	7.46E-01	5.73E-01	4.72E-01
GCI_{medium}	10.51%	8.17%	4.74%
GCI_{fine}	7.76%	4.62%	2.22%

Tabela 6. Estudo de convergência da grelha do ensaio combinado de deriva e roda, =12 , =8β°ϕ°

Parâmetro	X	Y	K	N
e_{32}	-5.03E-05	-1.49E-04	3.79E-05	1.93E-05
e_{21}	-3.14E-05	-7.57E-05	1.71E-05	8.01E-06
e_{32}	3.50E-02	4.30E-02	2.17E-02	1.05E-02

e_{21}	2.14E-02	2.14E-02	9.71E-03	4.32E-03
p_G	1.35E+00	1.95E+00	2.29E+00	2.54E+00
R_G	6.25E-01	5.09E-01	4.52E-01	4.15E-01
GCI_{medium}	11.84%	5.67%	4.88%	2.06%
GCI_{fine}	6.56%	1.72%	2.18%	0.85%

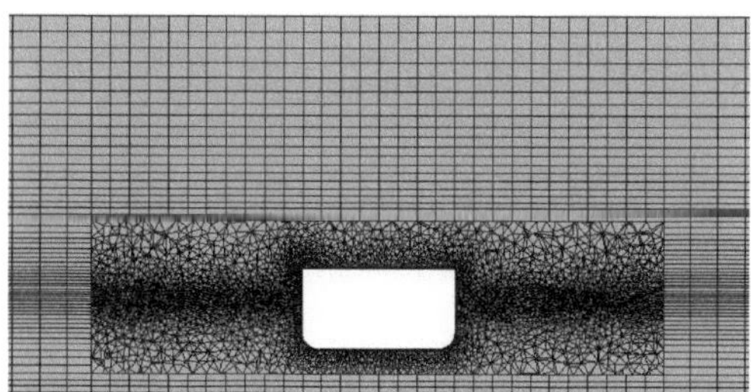

(a) Malha grossa

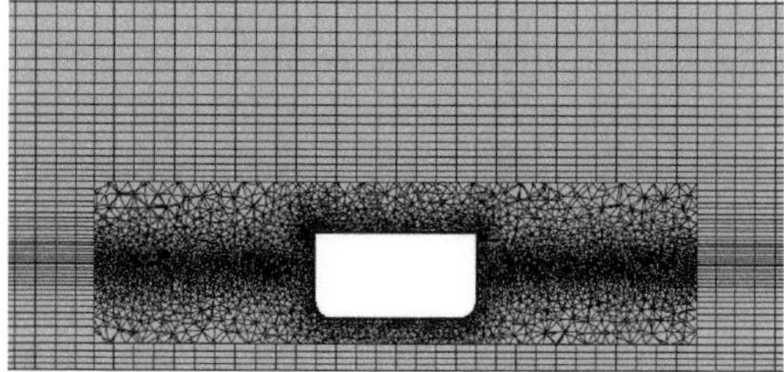

(b) Malha média

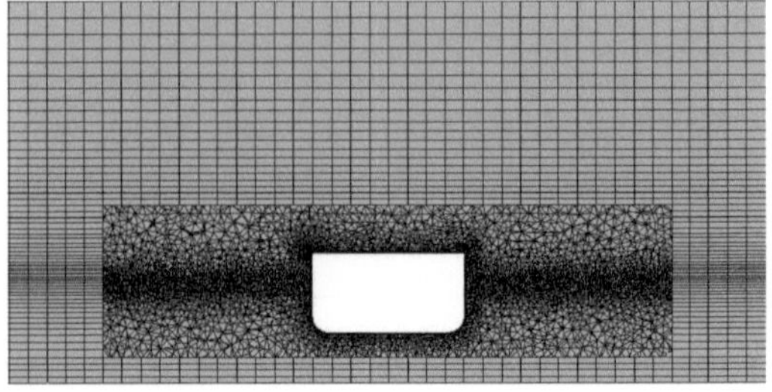

(c) Malha fina

Figura 37. Dimensões das malhas para o ensaio de deriva estática, β =16 graus

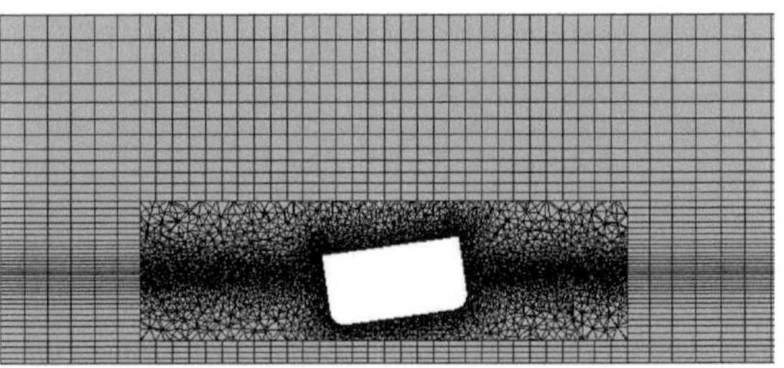

(a) Malha grossa

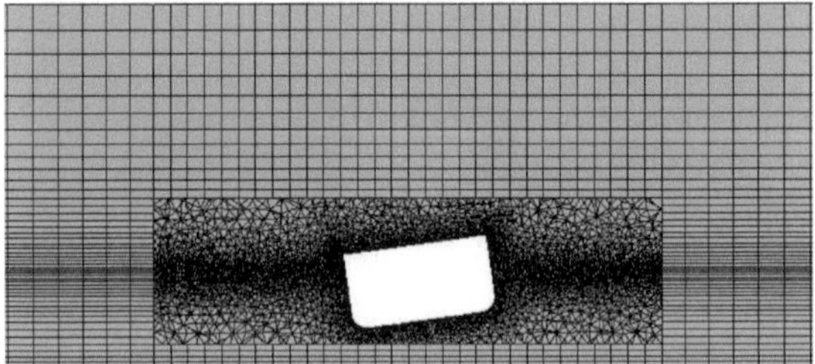

(b) Malha média

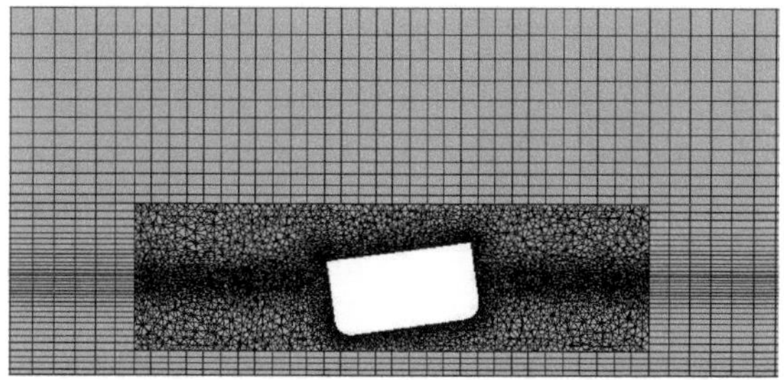

(c) Malha fina

Figura 38. Dimensões das malhas para o ensaio combinado de deriva e roda, β=12°, ϕ=8°

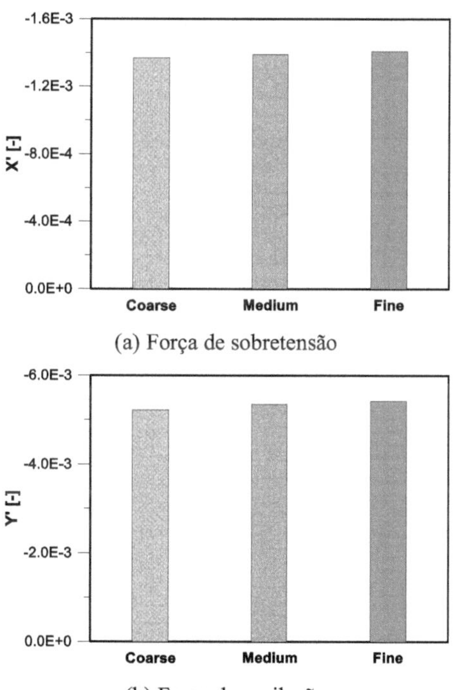

(a) Força de sobretensão

(b) Força de oscilação

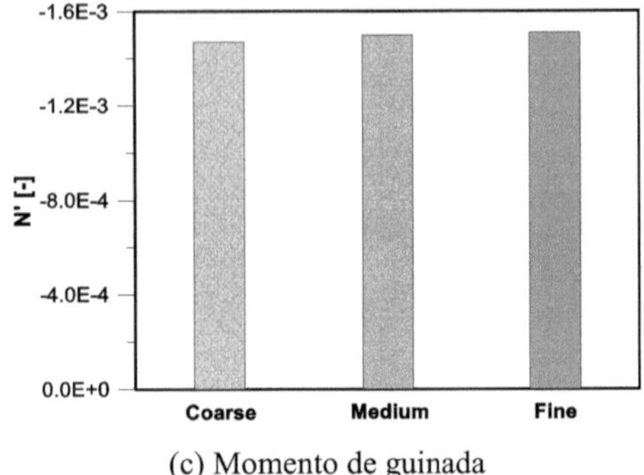

(c) Momento de guinada

Figura 39. Estudo independente da malha, caso β=8°

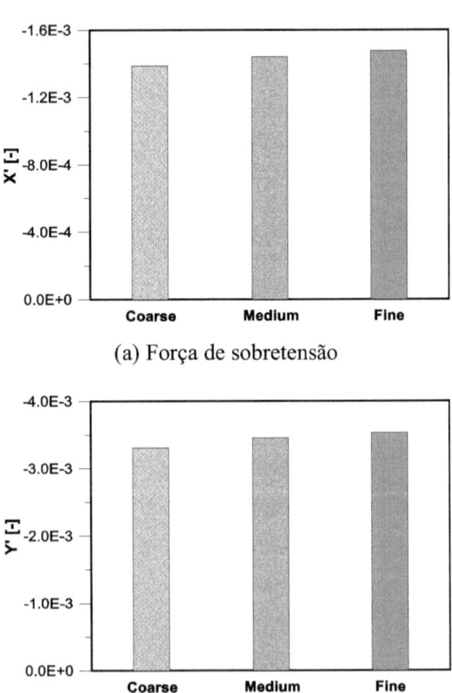

(a) Força de sobretensão

(b) Força de oscilação

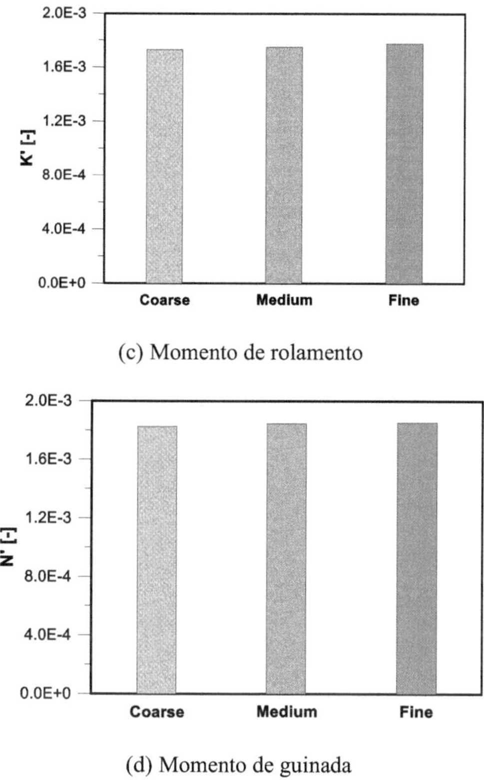

(c) Momento de rolamento

(d) Momento de guinada

Figura 40. Estudo independente da malha, caso β=12° , ϕ=8°

Para além da comparação das forças e momentos hidrodinâmicos, as derivadas de manobra determinadas a partir da atual análise CFD do KCS em águas pouco profundas são verificadas com as derivadas obtidas a partir dos resultados experimentais do KRISO [SIMMAN2020], o trabalho experimental de Gronarz (1997). A partir da comparação mostrada nas Figuras 40~41, é evidente que a força de oscilação e o momento de guinada obtidos a partir dos ensaios de deriva estática estão em bastante boa concordância com os resultados experimentais dos investigadores supramencionados. Por outro lado, existe uma grande discrepância entre os resultados do CFD e os resultados experimentais da KRISO, mas pode ser encontrada alguma discrepância na velocidade de oscilação dependente da força de oscilação entre os resultados do CFD e os dados experimentais de Gronaz (1997). Assim, as diferenças entre os resultados actuais do CFD e os resultados experimentais do KRISO podem resultar da interação entre o casco, a hélice e o leme. As derivadas dependentes da velocidade de oscilação das forças de oscilação e dos momentos de guinada estão em boa concordância com os resultados experimentais da KRISO. No entanto, as derivadas não lineares do momento de guinada obtidas a partir da experiência KRISO são superiores às derivadas determinadas a partir do atual cálculo CFD. Pelo contrário, as derivadas rotativas obtidas a partir das experiências de Gronaz são bastante pequenas em comparação com os resultados actuais do CFD. É curioso que o atual estudo CFD dê uma derivada rotativa da força de oscilação que é maior do que a derivada rotativa do momento de guinada, mas a tendência oposta é encontrada nos resultados de Gronaz. As derivadas rotativas e as derivadas acopladas cruzadas estão representadas nas Figuras 44~45.

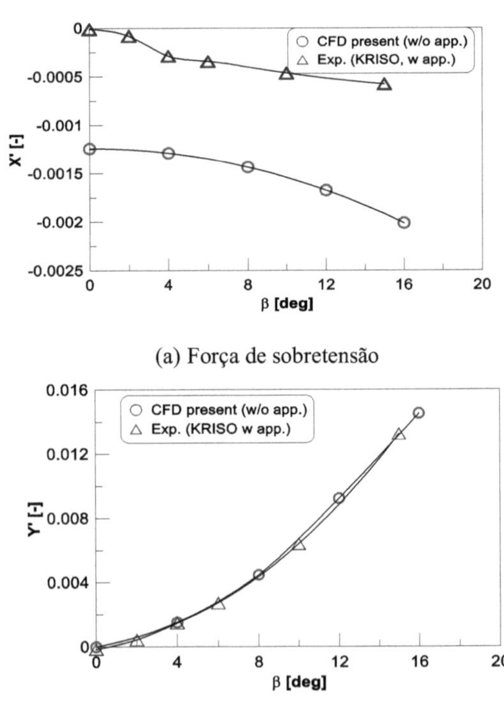

(a) Força de sobretensão

(b) Força de oscilação

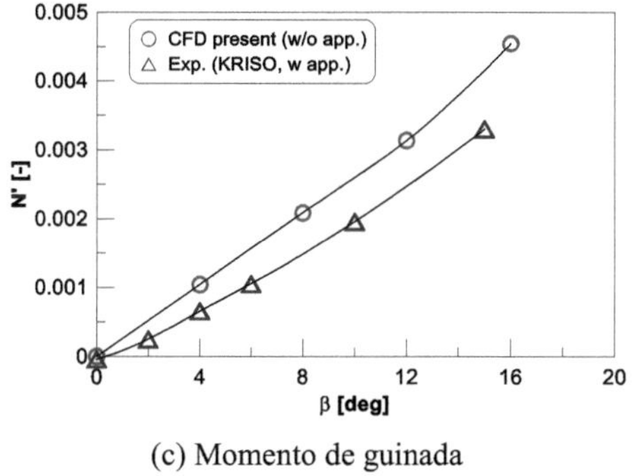

(c) Momento de guinada

Figura 41. Resultados comparativos dos ensaios de deriva estática a h/T = 1,5

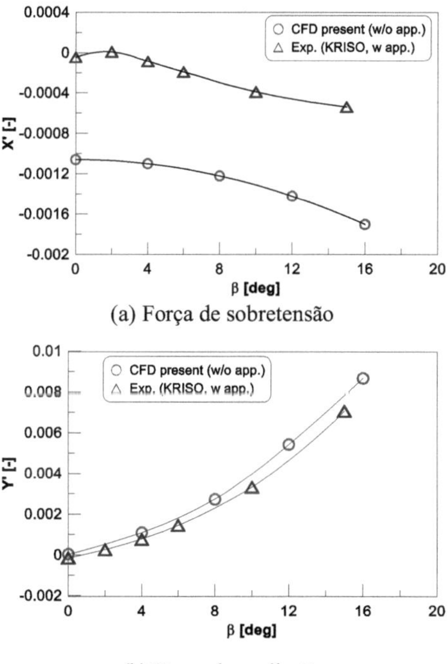

(a) Força de sobretensão

(b) Força de oscilação

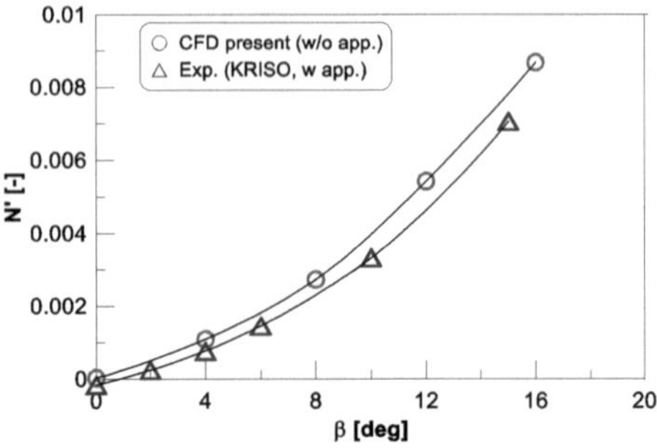

Figura 42. Resultados comparativos dos ensaios de deriva a h/T = 2,0

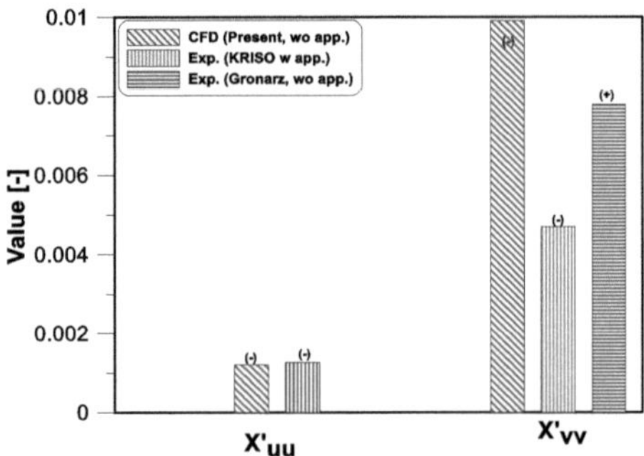

(a) Derivados de manobra da força de sobretensão

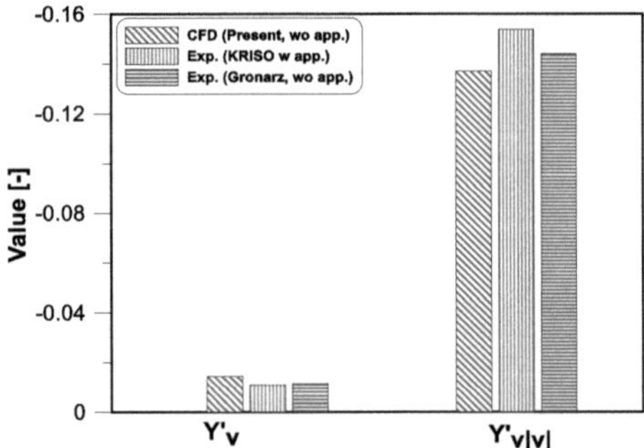

(b) Derivados de manobra da força de oscilação

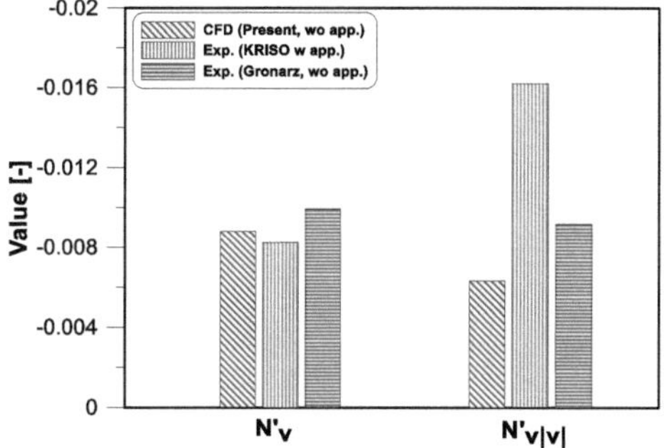

(c) Derivados de manobra do momento de guinada

Figura 42. Comparação das derivadas dependentes da velocidade da força de sobretensão, da força de oscilação e do momento de guinada, h/T = 1,5

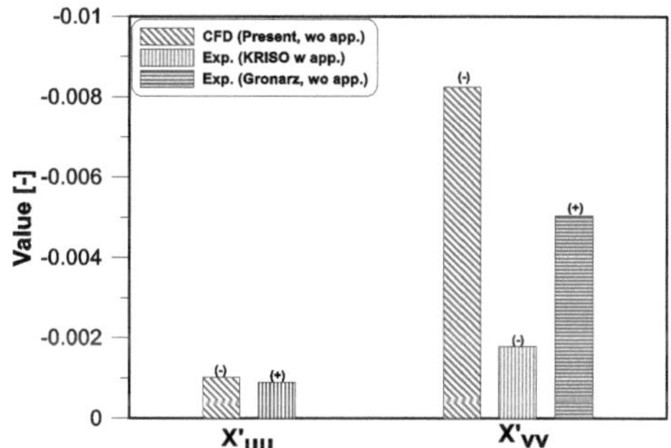

(a) Derivada de manobra da força de sobretensão

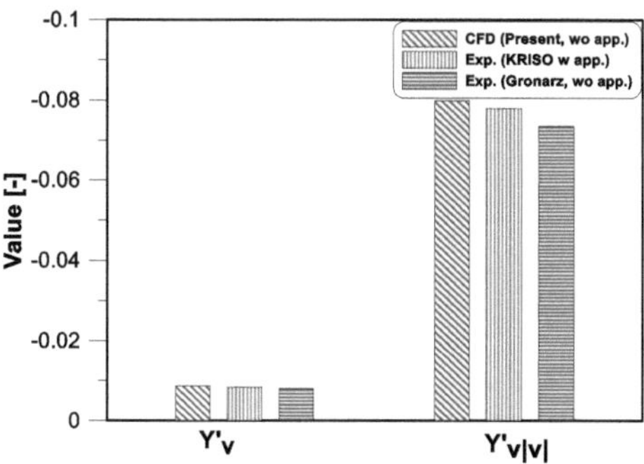

(b) Derivados de manobra da força de oscilação

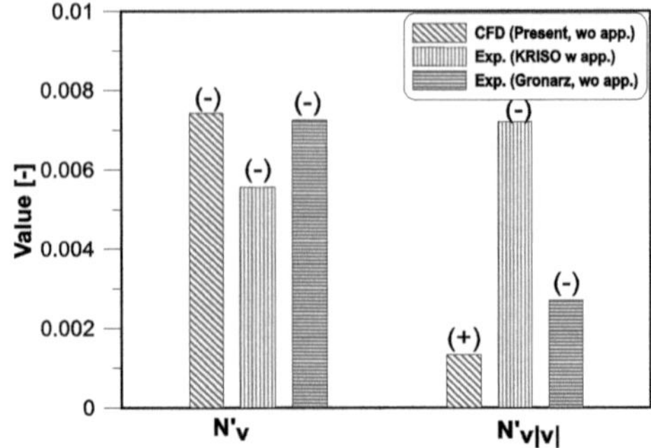

(c) Derivadas de manobra do momento de guinada

Figura 43. Comparação das derivadas dependentes da velocidade da força de sobretensão, da força de oscilação e do momento de guinada, h/T = 2,0

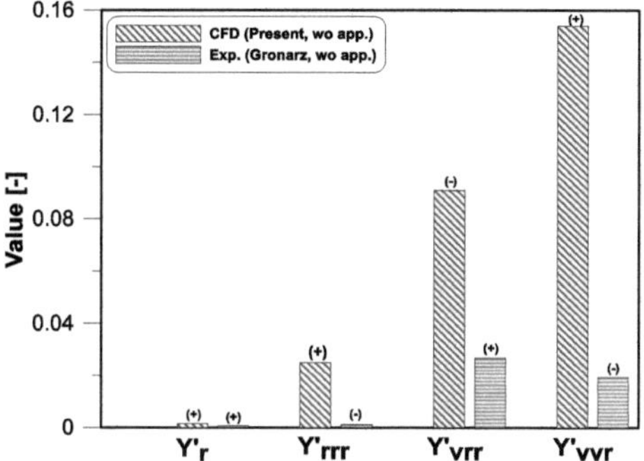

(a) Derivadas rotativas e acopladas cruzadas da força de oscilação

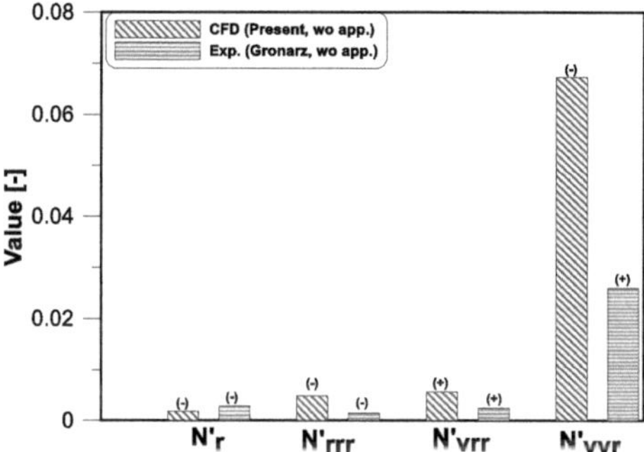

(b) Derivadas rotativas e transversais do momento de guinada

Figura 44. Comparação das derivadas rotativas da força de oscilação e do momento de guinada, h/T = 1,5

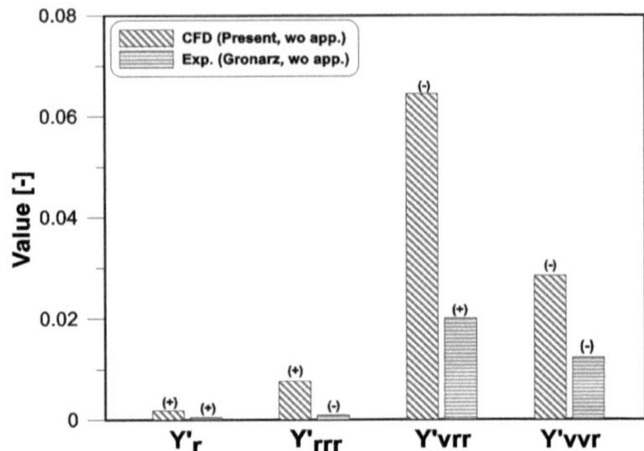

(a) Derivadas rotativas e acopladas cruzadas da força de oscilação

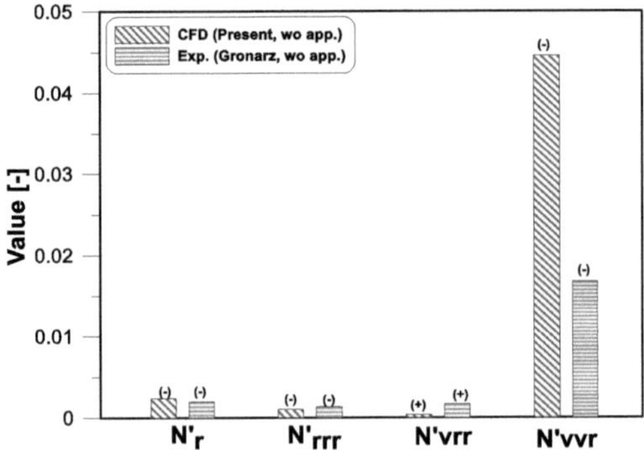

(b) Derivadas rotativas e transversais do momento de guinada

Figura 45. Comparação das derivadas rotativas da força de oscilação e do momento de guinada, h/T = 2,0

Capítulo 5

Simulação de manobras

5.1 Visão geral

As derivadas de manobra obtidas da força de surto, da força de oscilação, do momento de rolamento e do momento de guinada na Parte IV são tabuladas nas Tabelas 7~8 para os rácios de profundidade da água de 1,5 e 2,0, respetivamente. Verifica-se que os termos de inércia de sobreelevação, oscilação e guinada são retirados de Mucha [2017]. Os parâmetros do navio, hélice e leme são retirados do SIMMAN 2020. O centro de gravidade vertical do modelo é retirado da pesquisa de Tahsin [2015]. Para avaliar a manobra do KCS em águas pouco profundas, são efectuadas simulações de manobra padrão a uma velocidade de 8,75 nós para o caso de um rácio de profundidade da água de 2,0. Os resultados deste estudo de manobras são depois comparados com os resultados dos testes de modelos em funcionamento livre que envolvem as manobras de viragem do leme rígido a δ_R=35° ; 10° -10° zig-zag, e 20° -20° testes (Milanov, 2009). Além disso, os índices de manobra previstos pelo modelo KCS são extraídos e verificados com os resultados do FRMT. As Figuras 46~47 mostram as definições dos ensaios de viragem do navio e de ziguezague, respetivamente.

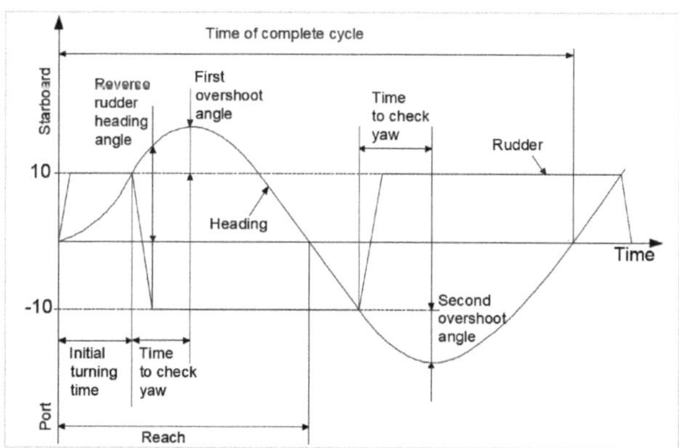

Figura 43. Definição do ensaio em ziguezague

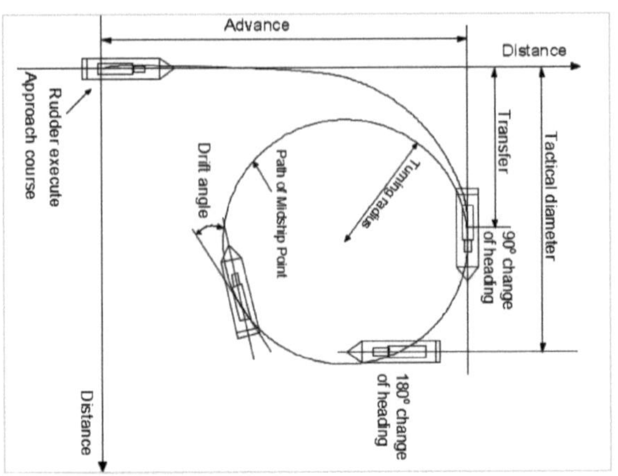

Figura 44. Definição de círculo de viragem

Tabela 7. Derivadas de manobra não-dimensionais do KCS ($\times 10^{-3}$), h/T = 1,5

$X_{\dot{u}}$	-0.417	$K_{\dot{p}}$	-	$Y_{\dot{v}}$	-10.050	$N_{\dot{r}}$	-1.540
X'_{uu}	-1.206	K_p	-	Y'_v	-14.425	$N_{\dot{v}}$	0.053
X'_{vv}	-9.909	K'_{ϕ}	-0.251	$Y'_{v\|v\|}$	-137.059	N'_v	-8.829
$X'_{\phi\phi}$	-4.348	K'_v	-0.221	Y'_r	1.539	$N'_{v\|v\|}$	-6.325
X'_{rr}	-4.022	K'_{vvv}	21.571	Y'_{rrr}	25.05	N'_r	-1.783
X'_{vr}	51.498	K'_r	-0.0651	Y'_{vrr}	-90.860	N'_{rrr}	-4.805
$X'_{\delta\delta}$	-2.223	K'_{rrr}	0.4687	Y'_{vvr}	15.979	N'_{vrr}	5.646
$X'_{v\delta}$	-8.970	-	-	Y'_{ϕ}	-1.214	N'_{vvr}	-66.939
-	-	-	-	$Y'_{vv\phi}$	238.265	N'_{ϕ}	-0.561
-	-	-	-	$Y'_{v\|\phi\|}$	107.489	$N'_{vv\phi}$	-108.258
			-	$Y'_{\phi rr}$	-298.522	$N'_{v\|\phi\|}$	13.926
-	-	-	-	$Y'_{r\|\phi\|}$	157.118	$N'_{\phi rr}$	-5.052
-	-	-	-	Y'_{δ}	5.652	$N'_{r\|\phi\|}$	0.742
-	-	-	-	$Y'_{\delta\delta\delta}$	-5.522	N'_{δ}	-2.304
-	-	-	-	$Y'_{vv\delta}$	44.616	$N'_{\delta\delta\delta}$	1.496
-	-	-	-	$Y'_{v\delta\delta}$	1759.4	$N'_{vv\delta}$	34.88
-	-	-	-	-	-	$N'_{v\delta\delta}$	787.52

Mesa 8. Derivadas de manobra não-dimensionais do KCS ($\times 10^{-3}$), h/T = 2,0

$X_{\dot{u}}$	-0.417	$K'_{\dot{p}}$	-0.0193	$Y_{\dot{v}}$	-8.573	$N_{\dot{r}}$	-1.242
X'_{uu}	-1.017	K'_p	-0.0635	$Y_{\dot{r}}$	0.0414	$N_{\dot{v}}$	0.217

X'_{vv}	-8.246	K'_{ϕ}	-0.200	Y'_{v}	-8.685	N'_{v}	-7.433
$X'_{\phi\phi}$	-0.391	K'_{v}	0.711	$Y'_{v\|v\|}$	-79.797	$N'_{v\|v\|}$	1.334
X'_{rr}	-2.257	K'_{vvv}	2.485	Y'_{r}	1.830	N'_{r}	-2.385
X'_{vr}	27.417	K'_{r}	-0.0714	Y'_{rrr}	7.673	N'_{rrr}	-1.026
$X'_{\delta\delta}$	-2.668	K'_{rrr}	0.3125	Y'_{vrr}	-64.647	N'_{vrr}	0.372
$X'_{v\delta}$	-3.747	-	-	Y'_{vvr}	-28.413	N'_{vvr}	-44.538
-	-	-	-	Y'_{ϕ}	-1.180	N'_{ϕ}	-0.619
-	-	-	-	$Y'_{\phi vv}$	87.101	$N'_{\phi vv}$	-156.10
			-	$Y'_{v\|\phi\|}$	39.321	$N'_{v\|\phi\|}$	36.530
-	-	-	-	$Y'_{\phi rr}$	-125.1	$N'_{\phi rr}$	-10.481
-	-	-	-	$Y'_{r/\phi/}$	60.30	$N'_{r/\phi/}$	4.318
-	-	-	-	Y'_{δ}	-5.549	N'_{δ}	2.428
-	-	-	-	$Y'_{\delta\delta\delta}$	5.258	$N'_{\delta\delta\delta}$	-1.916
-	-	-	-	$Y'_{vv\delta}$	-64.981	$N'_{vv\delta}$	38.004
				$Y'_{v\delta\delta}$	762.95	$N'_{v\delta\delta}$	322.20

5.2 Teste de execução simples

Em funcionamento direto, a resistência e o impulso do navio estão em equilíbrio entre si em estado estacionário. Assim, a relação entre a velocidade do navio e as RPM do hélice pode ser estabelecida através da equação da velocidade, se existirem os parâmetros do navio e do hélice e as derivadas hidrodinâmicas da força de sobreelevação. A equação da velocidade para este caso é escrita da seguinte forma,

$$\left(m - X_{\dot{u}}\right) = X_{|u|u}|u|u + (1-t)T \qquad (5.1)$$

Aplicando o método, a relação entre a velocidade do navio e as RPM do hélice é mostrada na Figura 48, na qual as RPM do hélice selecionadas, correspondentes à velocidade do navio de 8,75 nós, são marcadas como o ponto de intersecção.

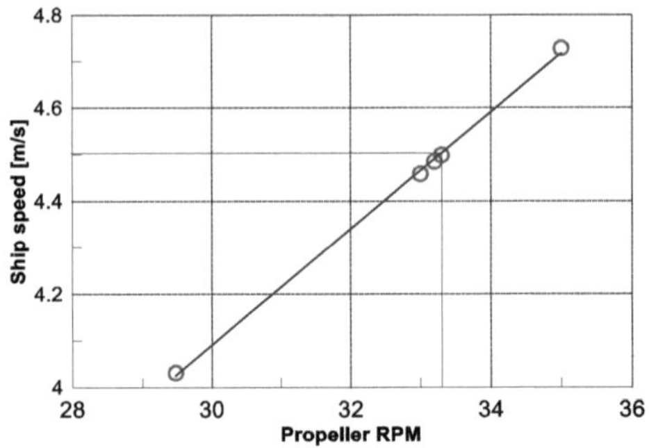

Figura 45. Relação entre as rotações do hélice e a velocidade do navio

5.3 Simulação das manobras padrão

Nesta secção, as manobras padrão são simuladas para avaliar as caraterísticas de manobra do navio. A equação do movimento (3.33) é estabelecida após a introdução das forças hidrodinâmicas, das forças do leme e das forças da hélice. A equação é então resolvida numericamente utilizando o Microsoft Visual C++ 10 Express. O método Runge-Kutta de quarta ordem é utilizado para encontrar os valores aproximados das variáveis de movimento do navio para uma dada execução do leme e RPM da hélice. As Figuras 49~50 mostram os resultados das simulações das manobras de viragem de 35° e -35° utilizando as derivadas de manobra da Tabela 8. A trajetória de viragem a estibordo, o ângulo de rolamento e a relação entre o leme e o ângulo de rumo obtidos a partir do FRMT [Milanov, 2009] também são apresentados para comparação. Verifica-se que a trajetória de viragem numérica é adaptada ao resultado experimental. A taxa de viragem é reduzida, o que resulta num círculo de viragem maior em comparação com o círculo de viragem em águas profundas. No caso do movimento de rotação, o ângulo de rotação obtido a partir do atual CFD está em boa concordância com o movimento de rotação estimado no FRMT. Além disso, são efectuados os ensaios em ziguezague 10° -10°, 20° -5° e 20° -20° para verificar a resposta do navio correspondente à execução do leme. Este ensaio produz a trajetória de viragem inicial, o tempo de verificação da guinada e os ângulos de ultrapassagem, como se mostra na figura 46. Os resultados destes ensaios são apresentados nas Figuras 51~53. Observa-se que a relação entre o leme e o ângulo de rumo no ensaio em ziguezague 20° -20° está em boa concordância com o resultado correspondente do FRMT. Para estes ensaios, os índices de manobra também são mantidos e comparados com os resultados do FRMT, como se mostra na Tabela 9. É demonstrado que o avanço do navio e o diâmetro tático são bem previstos no atual estudo de manobra do porta-contentores baseado em CFD. Além disso, a primeira e a segunda ultrapassagem de 10° -10° Zig-zag e a primeira ultrapassagem de 20° -20° Zig-zag são também adaptadas aos índices de manobra obtidos a partir do FRMT.

Tabela 9. Índices de manobra do KCS com um rácio de profundidade de água de 2,0

Teste	Índice	CFD atual	FRMT
10° /10° Zig-zag	1 Ultrapassagem	10.08°	4.1°
	2 Ultrapassagem	16.4°	14.0°
20° /20° Zig-zag	1 Ultrapassagem	14.2°	8.20°
35° Estibordo Virar	Avanço	2.92L	2.48L
	Diâmetro tático	3.87L	3.43L

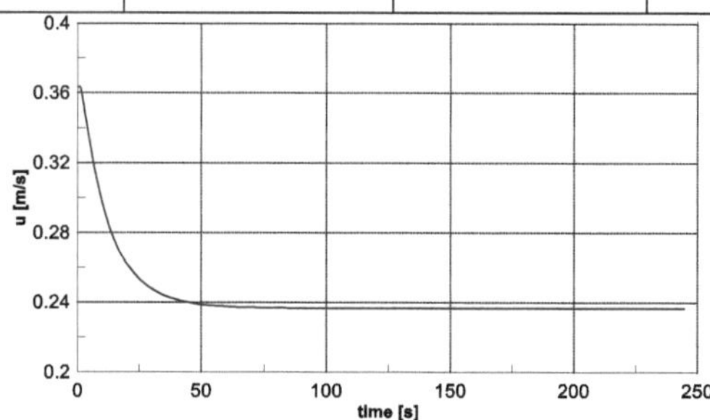

(a) Velocidade de pico

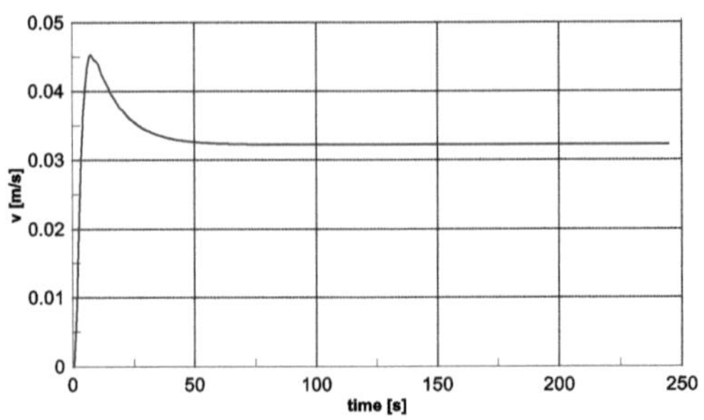

(b) Velocidade de oscilação

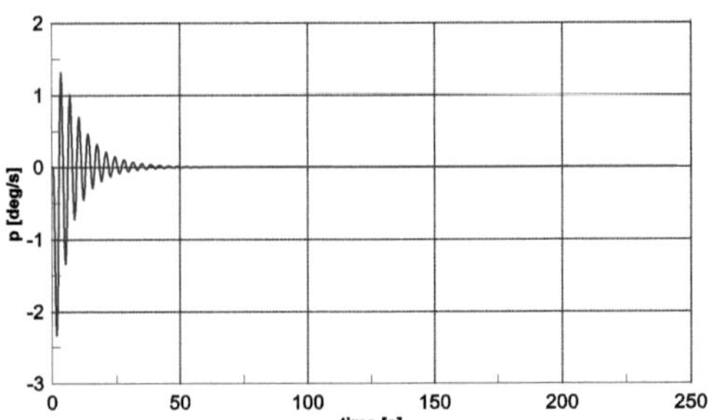

(c) Taxa de rolagem

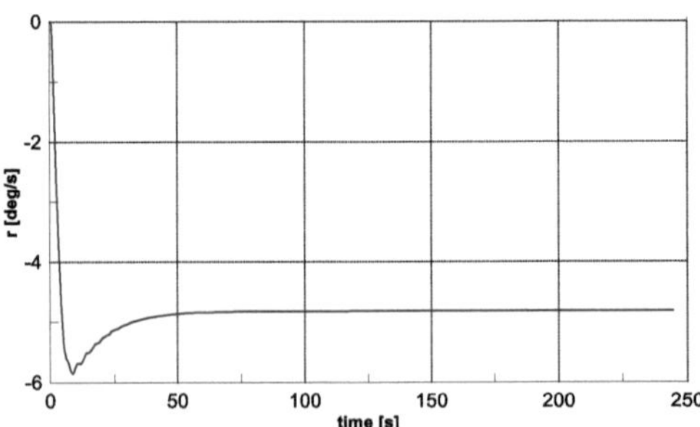

(d) Velocidade de guinada

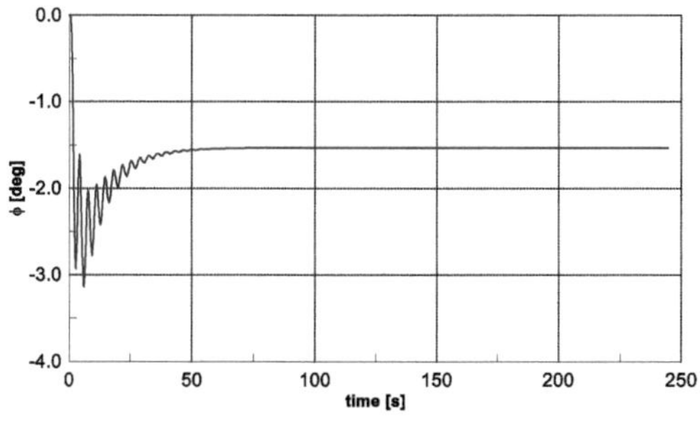

(e) Ângulo de rolamento

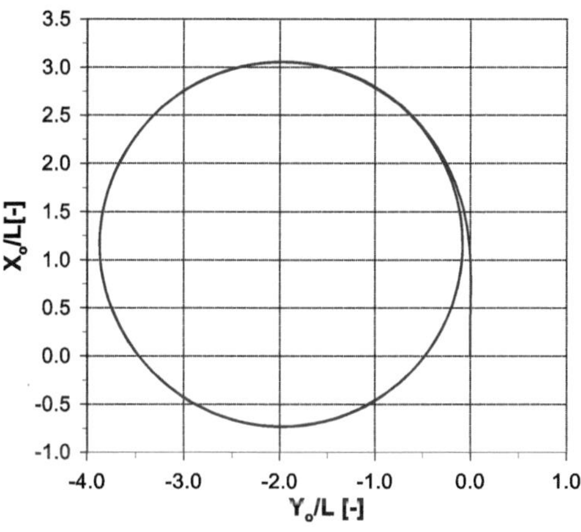

(e) O-x y_{oo} trajetória

Figura 46. Círculo de viragem na direção do porto,δ_R = 35°

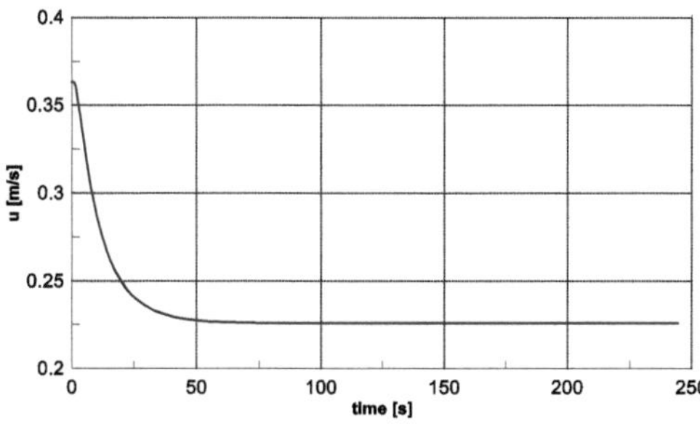

(a) Velocidade de pico

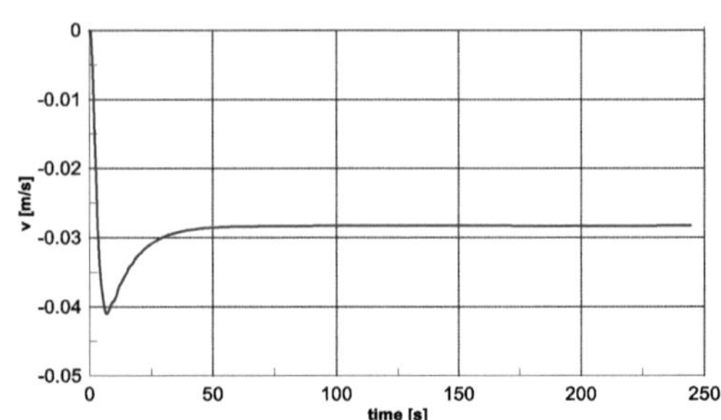

(b) Velocidade de oscilação

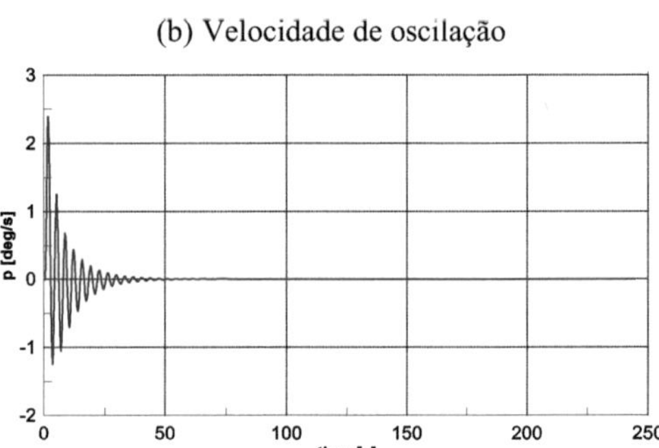

(c) Taxa de rolagem

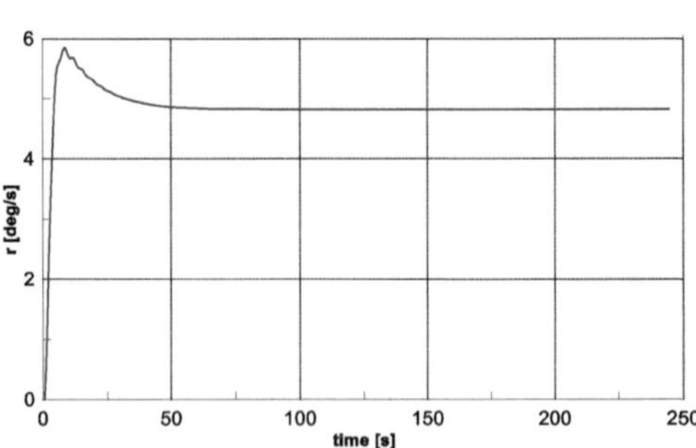

(d) Velocidade de guinada

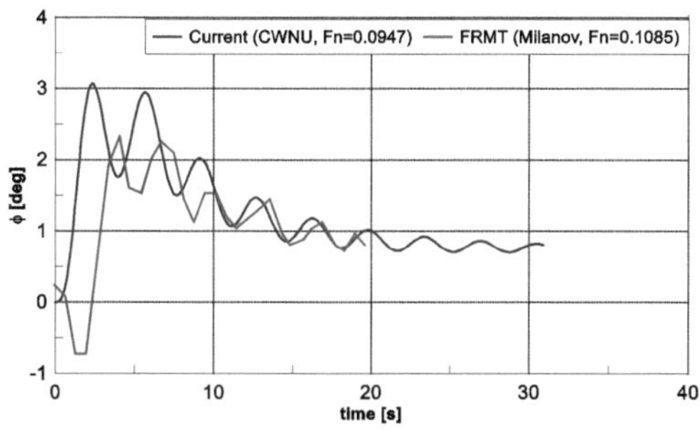

(d) Ângulo de rolamento

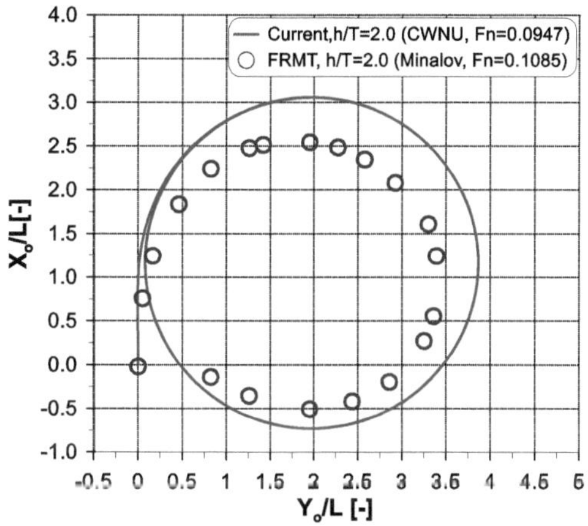

(e) O-x y_{oo} trajetória

Figura 47. Círculo de viragem para estibordo, δ_R = -35°

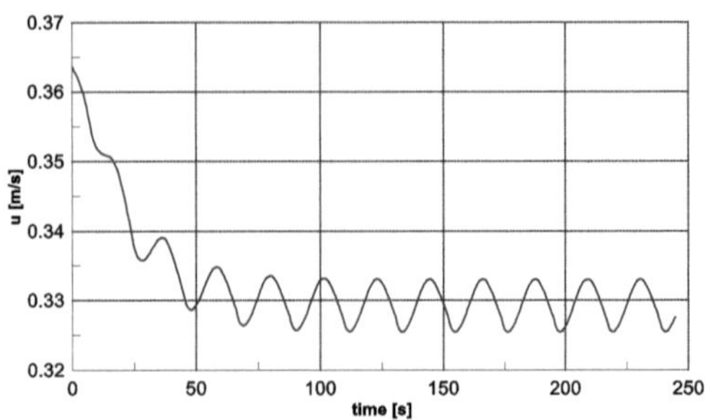

(a) Velocidade de pico

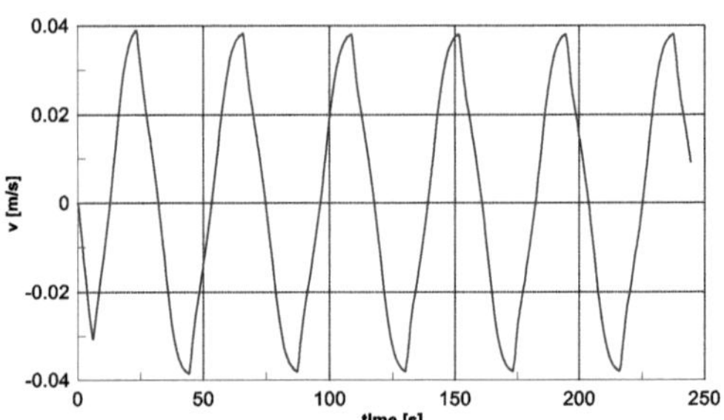

(b) Velocidade de oscilação

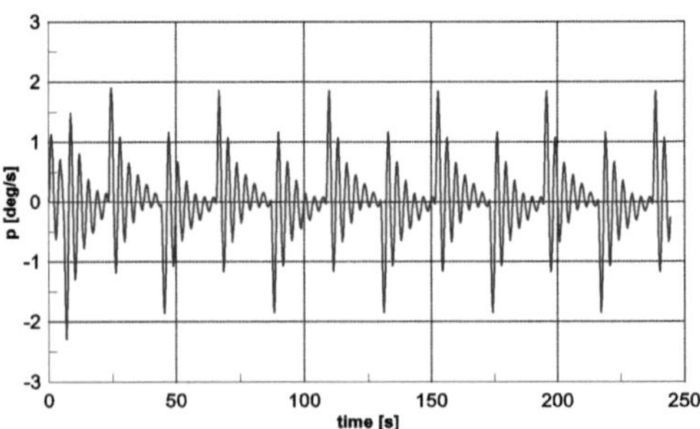

(c) Taxa de rolagem

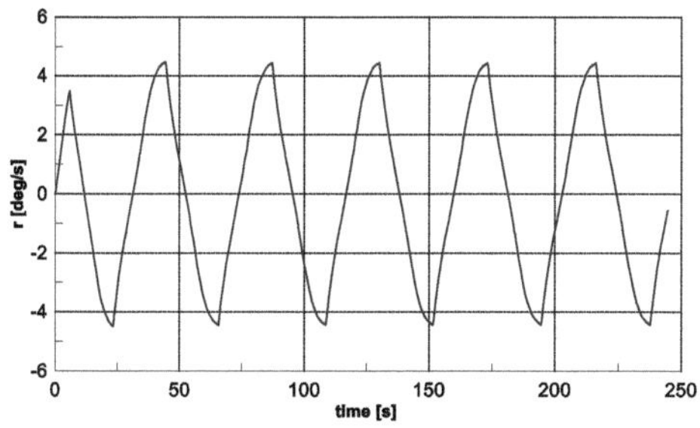

(d) Velocidade de guinada

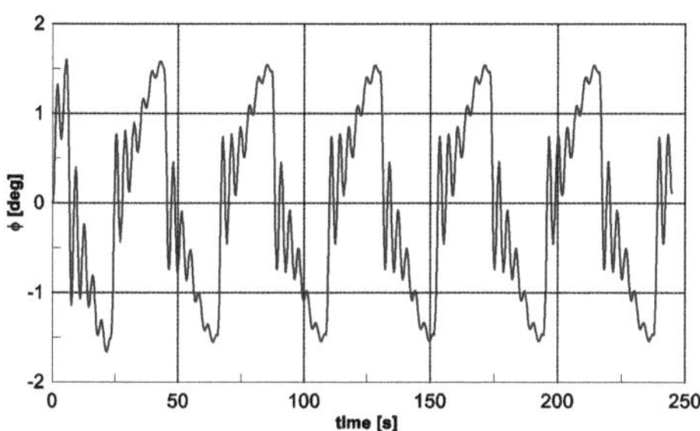

(d) Ângulo de rolamento

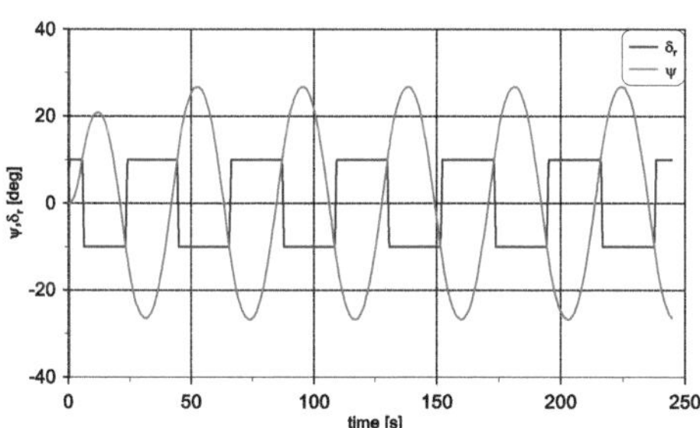

(e) Ângulo de orientação e ângulo do leme

Figura 48. 10° -10° ensaio em ziguezague

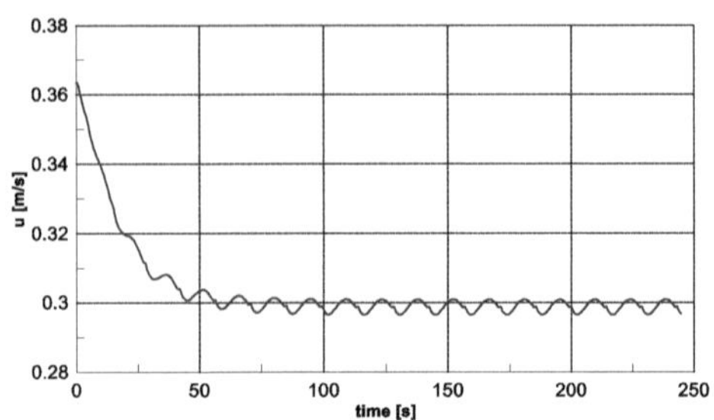

(a) Velocidade de pico

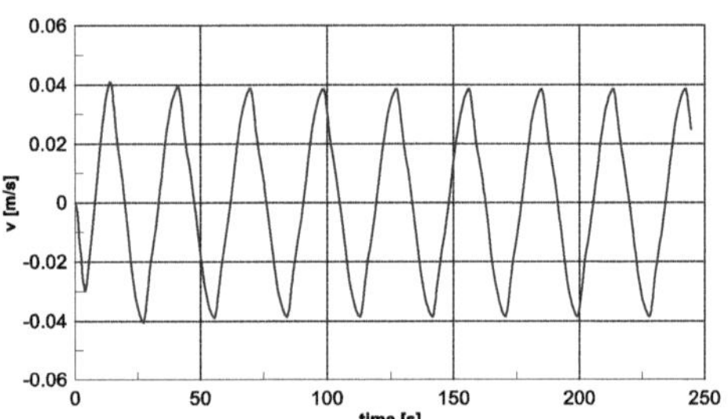

(b) Velocidade de oscilação

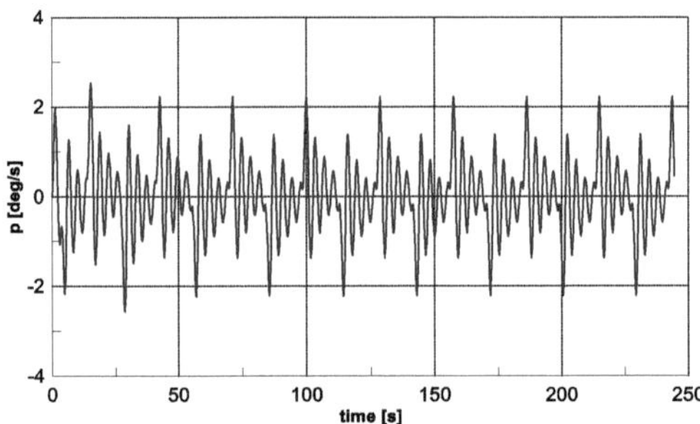

(c) Taxa de rolagem

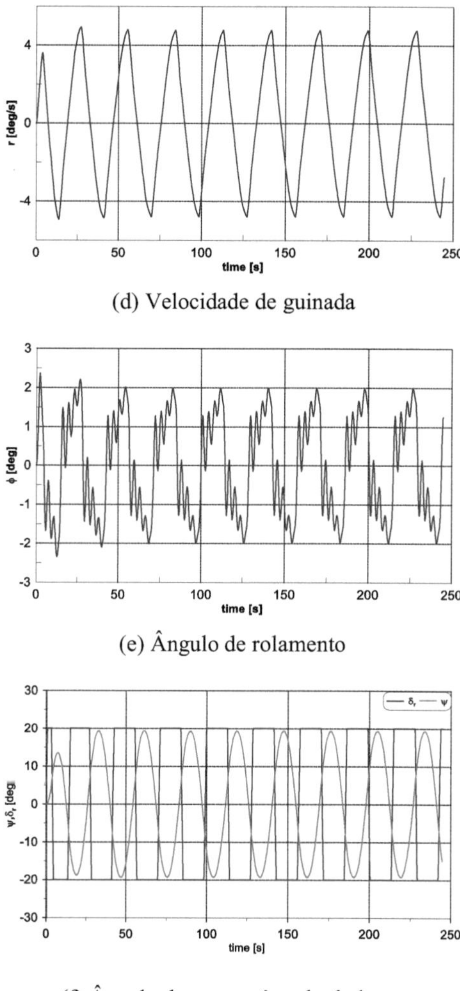

(d) Velocidade de guinada

(e) Ângulo de rolamento

(f) Ângulo de rumo e ângulo do leme

Figura 49. Resultados de 20° -5° Ensaio em ziguezague

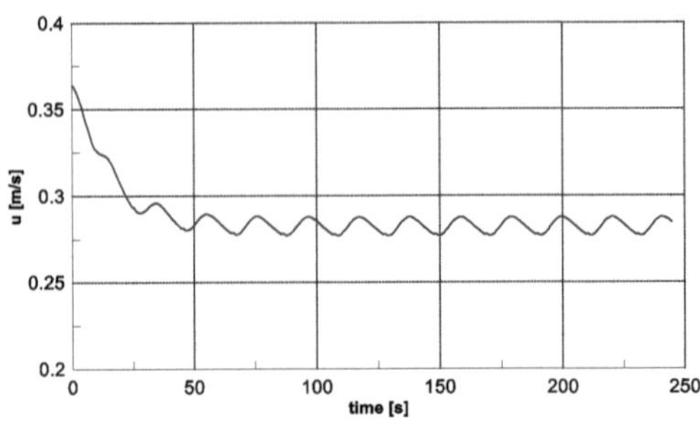

(a) Velocidade de pico

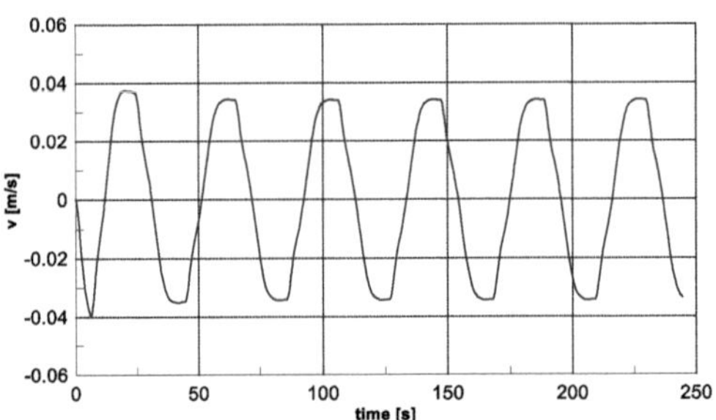

(b) Velocidade de oscilação

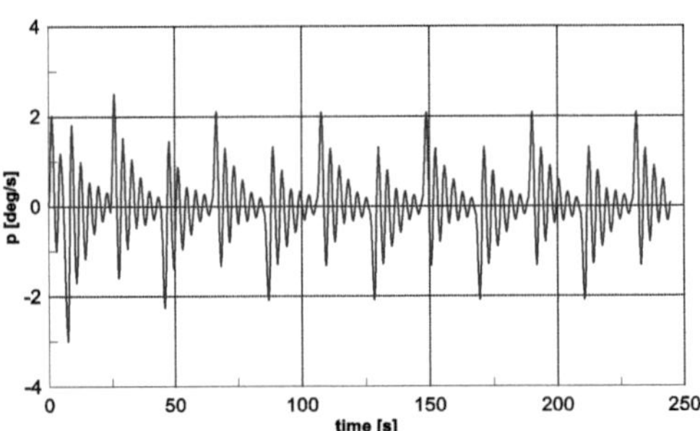

(c) Taxa de rolagem

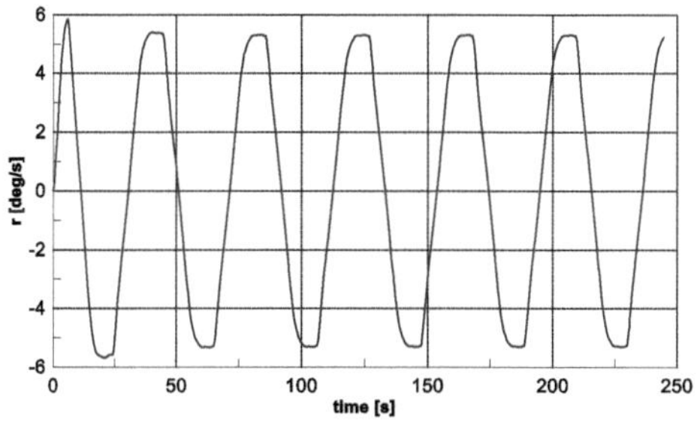

(d) Velocidade de guinada

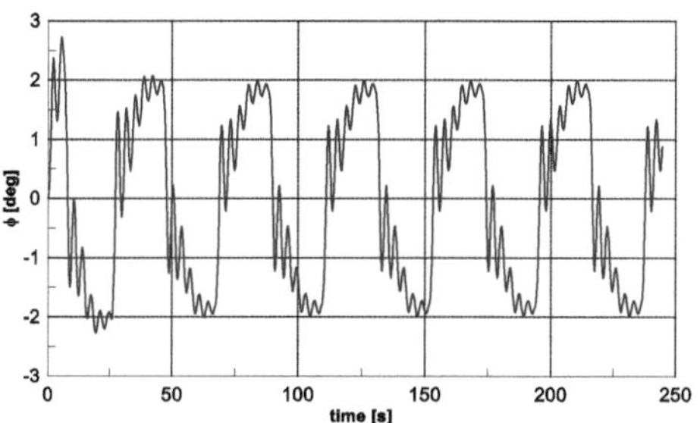

(e) Ângulo de rolamento

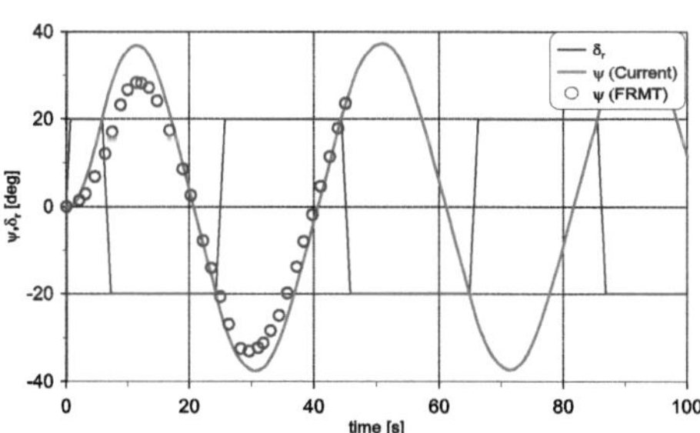

(e) Ângulo de orientação e ângulo do leme

Figura 50. 20° -20° Ensaio em ziguezague

Conclusões

A necessidade de manobrabilidade do navio em águas pouco profundas aumenta devido ao aumento da dimensão do navio nos últimos anos, o que exige a avaliação de métodos de previsão de manobra. A computação baseada em CFD é um dos métodos eficientes, que pode comprometer a precisão e o desempenho de alto custo no projeto preliminar do navio. Assim, um estudo de manobrabilidade 4DOF do navio porta-contentores em várias condições de águas pouco profundas foi analisado através da estimativa baseada em CFD das derivadas de manobra. Todas as análises baseadas em CFD foram implementadas para o escoamento incompressível em torno do casco nu, utilizando o solver RANS no Ansys Fluent Versão 19.2.

No início desta tese, foram reconsiderados vários métodos de estimação das derivadas de manobra. Para além disso, foram revistas as simulações de manobra do navio em águas pouco profundas e foi analisada a consideração especial do modelo 4DOF. Na parte seguinte, foi formulada a abordagem CFD para a simulação do escoamento incompressível sobre o navio. A equação fundamental que rege o escoamento do fluido foi derivada das leis básicas de conservação da massa e do momento. A dinâmica dos corpos rígidos foi descrita como conteúdo principal na parte seguinte. Em particular, foram investigadas a cinemática e a dinâmica do modelo 4DOF. Foram delineadas as séries de Taylor das forças hidrodinâmicas e do momento que actuam no casco. Foi efectuada uma análise matemática para ter em conta as derivadas de manobra utilizadas no modelo de manobra 4DOF.

A simulação CFD baseada em RANS dos ensaios de deriva estática, ensaios de calcanhar estático, ensaios circulares estáveis e os ensaios combinados foram então efectuados para estimar as forças hidrodinâmicas e os momentos que actuam no modelo KCS. As derivadas de manobra foram obtidas a partir dos resultados dos ensaios, utilizando a série de Taylor. Estas foram introduzidas na matemática de manobra do modelo 4DOF para avaliar as caraterísticas de manobra do KCS em condições de águas pouco profundas. Em geral, as derivadas de manobra previstas estão em boa concordância com os dados experimentais. As caraterísticas de manobra do KCS obtidas a partir do atual estudo de manobra baseado em CFD estão em conformidade com o FRMT. Além disso, os índices de manobra são bem previstos em comparação com os resultados do FRMT.

Referências

1. Bakker, A. Dinâmica dos Fluidos Computacional Aplicada. Obtido de http://www.bakker.org/dartmouth06/engs150/11-bl.pdf.
2. CFD-Online. Intensidade da turbulência. Obtido de CFD-Online. Obtido em https://www.cfd-online.com/Wiki/Turbulence_intensity .
3. David, L.H., 2015. O efeito da água rasa no amortecimento do rolo e no período de rolamento. Instituto Politécnico da Virgínia e Universidade Estadual. Tese de mestrado.
4. Delefortrie, G., Eloot, K., Lataire, E., VanHoydonck, W., Vantorre, M., 2016. O modelo de testes em cativeiro baseia o modelo de águas rasas 6DOF. 4th Conferência MASHCON. Hamburgo, Alemanha, 23-25 de maio de 2016.
5. Ehab,h.,B, Mamdouh, E., H., A., 2018. Teoria da camada limite do fluxo de fluido passando por uma placa plana: solução numérica usando MATLAB. Revista Internacional de Aplicações Informáticas, Vol. 180, No. 18.
6. Eloot, K., Vantorre, M., 2011. Comportamento de navios em águas pouco profundas e águas confinadas: uma visão geral dos efeitos hidrodinâmicos através do EFD. 2nd Conferência Internacional sobre Manobras de Navios em Águas Rasas e Confinadas. Trondheim, Noruega, 18-20 de maio de 2011.
7. Fossen, T.I. Guidance and Control of Ocean Vehicles (Orientação e Controlo de Veículos Oceânicos). Chichester; Nova Iorque: Wiley, 1994.
8. Blancas, F.E., Roache, P.J. An evaluation of the GCI for unstructured grids. Recuperado de https://cstools.asme.org.
9. Gronarz, A., 1997. Rechnerische Simulation der Schiffsbewegung beim Manövrieren unter besonderer Berücksichtigung der Abhängigkeit von der Wassertiefe, PhD-Thesis, Unversity of Duisburg (em alemão).
10. Hamid, S.H., Motoki, A., Naoya, U., Masaaki, S., Dpng, J.Y., Yasuyuki, T., Pablo, M.C., Frederick, S., 2012. CFD, sistema -based, e EFD investigação preliminar de ONR tumblehome Instabilidade e capsize com avaliação do modelo matemático. 12th Workshop Internacional sobre Estabilidade de Navios, Washington, EUA, 12-15 de junho de 2011.
11. Haipeng, G, Zaojian, Z., 2018. Investigação baseada em sistemas sobre manobras de navios 4DOF com derivados hidrodinâmicos determinados pela simulação RANS de testes de modelos em cativeiro. Journal of Applied Ocean Resarch, Vol. 68, pp. 11-25.

12. Hirt, C.W., Nichols, B.D., 1981. "Método do volume de fluido (VOF) para a dinâmica de fronteiras de superfícies livres". Journal of Computational Physics, Vol. 39, No. 1, pp. 201-225.

13. Conferência Internacional de Tanques de Reboque (ITTC), 2011. ITTC-Recommended Procedures and Guidelines (Procedimentos e diretrizes recomendados pela ITTC): Diretrizes práticas para aplicações de CFD em navios.

14. Norma da OMI relativa à manobrabilidade dos navios: ANEXO 6.

15. Jacek, J., 2008. Avaliação da agachamento de navios em águas rasas usando CFD. Jornal de Arquivos de Engenharia Civil e Mecânica, 8:1 (2008): 27-35.

16. Jean, P., 2013. Escoamentos Turbulentos: Models and Physics. Springer Science & Business Media.

17. Jin, C., Zao, J.Z., Xi, C., Li, X., Lu, Z., 2017. Simulação baseada em CFD do fluxo em torno de um navio em movimento de viragem a baixa velocidade. Journal of Marine Science and Technology, Vol. 22, 4, pp. 784-796.

18. Liu, Y., Zou, Z.J., 2016. Simulação numérica baseada em RANS do teste de modelo cativo em águas rasas para o porta-contentores DTC. Quarta Conferência Internacional sobre Manobras de Navios em Águas Rasas e Confinadas, Hamburgo, Alemanha, 23-25 de maio de 2016.

19. Milanov, E., Chotukova, V.Y., 2009. Roll motion of container ship in shallow water. Conferência internacional sobre manobras de navios em águas pouco profundas e confinadas, Antuérpia, Bélgica, 13-15 de maio de 2009.

20. Menter, F. R., 1994. "Two-Equation Eddy-Viscosity Turbulence Models for Engineering Applications", AIAA Journal, Vol. 32, No 8, pp. 1598-1605.

21. Momchil, T., Tahsin, T., Elif, O., Tim, G., Yigit, K.D., Atilla, I., 2018. Investigação numérica do comportamento e desempenho de navios que avançam através de águas rasas restritas. Journal of Fluids and Structures, Vol. 76, pp. 185-215.

22. Philipp, M., 2017. Sobre a previsão de manobras de navios baseada em simulação em águas profundas e pouco profundas. Universidade de Duisburg-Essen, tese de doutoramento.

23. Patankar, S. V., (1980). Numerical Heat Transfer and Fluid Flow. Taylor & Francis. ISBN 978-0-89116-522-4.

24. Patel, P.K., Premchand, M., 2015. Investigação numérica da influência da profundidade da água na resistência do navio. Jornal de Aplicações Informáticas, 116(17) pp11-17.

25. PIANIC, 1992. Capacidade dos modelos de simulação de manobra de navios para canais de aproximação e fairways em portos. Relatório PIANIC n.º 20.
26. Ruiz, M.T., Caluwé, S. D., Zwijnsvooorde, T.V., Delefortrie, G., Vantorre, M., 2015. Efeitos de onda em 6DOF num navio em águas pouco profundas. Conferência MARSIM, Universidade de Newcastle, Reino Unido, 8 -11thth setembro.
27. Saxena, A. Guidelines for Specification of Turbulence at Inflow Boundaries (Diretrizes para a especificação da turbulência nos limites do fluxo de entrada). Recuperado de http://support.esi-cfd.com/esi-users/turb_parameters/.
28. Söding, H., 1982, Ruderkräfte, 18. Fortbildungskurs, Institut für Schiffbau, Universität Hamburg (em alemão).
29. Shi, H., Paula, K., Zhiming, Y., Atilla, I., Osman, T., Evangelous, B., 2016. Previsão de manobras com base em derivados gerados por CFD. Journal of Hydrodynamics, Vol. 28, 2, pp. 284-292.
30. SIMMAN. (2014). Workshop sobre verificação e validação de métodos de simulação de manobras de navios, Copenhaga, Dinamarca. Obtido em http://www.simman2014.dk/
31. Shih, T.H., Liou, W.W, Shabbir, A., Yang, Y. e Zhu, Y. (1995): "A New - Eddy-Viscosity Model for High Reynolds Number Turbulent Flows - Model Development and Validation". *Computers Fluids*. Vol. 24, pp. 227-238.
32. SIMMAN2020: Obtido em http://simman2019.kr/contents/cases.php
33. Young, J.S., Park, S.H., 2015. Previsão do desempenho de manobras de navios com base em testes de modelos virtuais em cativeiro. Jornal da Sociedade de Arquitectos Navais da Coreia, Vol. 52, 5, pp. 407-417.
34. Tahsin, T., Yigit, K.D., Paula, K., Mahdi, K., Attila, I., Osman, T., 2015. Simulações CFD RANS instáveis em escala real do comportamento e do desempenho de navios em mares de proa devido a uma navegação lenta. Journal of Ocean Engineering, Vol. 97, pp. 186-206.
35. Toxopeus, S., 2011. Cálculos de fluxo viscoso para o KVLCC2 em águas profundas e pouco profundas. Conferência Internacional sobre Métodos Computacionais em Engenharia Marítima, Lisboa, Portugal, 28-30 de setembro de 2011.
36. Vantorre, M., 2003. Revisão dos métodos práticos de avaliação dos efeitos de águas pouco profundas e restritas. Conferência Internacional sobre Simulação Marinha e Manobrabilidade de Navios, Kanazawa, Japão, 25-28 de agosto de 2003.

37. Varyani, K.S., Hamoudi, B., Hanah, S., McGregor, R.C., 1997. Efeito dos parâmetros do hélice e do leme na simulação de manobras em águas pouco profundas de navios de forma completa. IAFC Proceedings Volumes, Vol. 30, 22, pp. 145-150.

38. Wilcox, D.C., 1988. "Re-assessment of the scale-determining equation for advanced turbulence models", AIAA Journal, Vol. 26, No. 11, pp. 1299-1310.

39. Wilcox C. D., 2006. "Turbulence Modeling for CFD" 3ª Edição. D C W Industries.

40. Yasukawa, H., Hirata, N., 2013. Manobrabilidade e derivados hidrodinâmicos de navios que viajam em condições de adernamento. Journal of the Japan Society of Naval Architecture and Ocean Engineers, 17, pp 19-29.

41. Yeongyu, K., Dongjin, Y., Namsun, S., Sunyoung, K., Kunhang, Y., Byeongik, O., 2011. Previsão da manobrabilidade do KCS com 4 graus de liberdade. Jornal da Sociedade de Arquitectos Navais da Coreia, 48(3), pp 267-274.

42. Yo, F., Hirotake, Y., Hiroyuki, Y., Masatoshi, K., Tomofuni, N., Yasuo, Y., 2016. Modelo matemático 4-DOF para simulação de manobras incluindo movimento de rolamento. Jornal da Sociedade Japonesa de Arquitetura Naval e Engenheiros Oceânicos, 24, pp 167-179.

43. Zwijnsvoorde, T.V., Ruiz, T.V., Ruiz, M.T., Delefortrie, G., Lataire, E., 2019. Navegando em ondas de águas rasas com o porta-contêineres DTC: Dados de teste de modelo aberto para fins de validação. 5th Conferência MASHCON. Ostend, Bélgica, 19-23 de maio de 2019.

yes
I want morebooks!

Buy your books fast and straightforward online - at one of world's fastest growing online book stores! Environmentally sound due to Print-on-Demand technologies.

Buy your books online at
www.morebooks.shop

Compre os seus livros mais rápido e diretamente na internet, em uma das livrarias on-line com o maior crescimento no mundo! Produção que protege o meio ambiente através das tecnologias de impressão sob demanda.

Compre os seus livros on-line em
www.morebooks.shop

info@omniscriptum.com
www.omniscriptum.com

Printed by Books on Demand GmbH, Norderstedt / Germany